海南虾类

王　鹏　编著

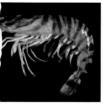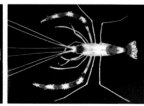

海洋出版社

2017年·北京

图书在版编目(CIP)数据

海南虾类 / 王鹏编著. — 北京：海洋出版社,2017.3
ISBN 978-7-5027-9709-6

Ⅰ. ①海… Ⅱ. ①王… Ⅲ. ①海水养殖－虾类养殖－
海南 Ⅳ. ①S968.22

中国版本图书馆CIP数据核字(2017)第024479号

责任编辑：方　菁
责任印制：赵麟苏

海洋出版社 出版发行
http://www.oceanpress.com.cn
北京市海淀区大慧寺路 8 号　　邮编：100081
北京画中画印刷有限公司印刷　　新华书店北京发行所经销
2017年3月第1版　　2017年3月第1次印刷
开本：787 mm × 1092 mm　　1 / 16　　印张：9
字数：160千字　　定价：68.00 元

发行部：010-62132549　邮购部：010-68038093　总编室：010-62114335
海洋版图书印、装错误可随时退换

　　王　鹏，原名王位鹏，1930 年出生，海南省澄迈县人。1951 年毕业于国立琼山高级农业技术学校（今海南省农业学校）水产科捕捞专业，1960 年曾在上海水产学院（今上海海洋大学）海洋渔业系进修工业捕鱼。1951 年参加工作，曾任海南行政公署渔业技术推广站代站长、海南临高县渔业技术推广站副站长、海南行政区水产研究所所长、海南省水产研究所所长。曾兼任中国甲壳动物学会理事会理事、中国水产学会资源委员会委员、海南省水产学会副理事长、海南省环境资源学会理事会理事。曾在海南水产学校、广东水产学校教书。海洋渔业高级工程师，享受国务院特殊津贴专家、海南省有突出贡献优秀专家待遇。从事渔业行政管理、技术推广、水产教学、科研等工作达 40 年。主持和参与完成海南岛沿岸近海和西沙、中沙群岛海域鱼类、虾类渔业资源调查、水产养殖、渔具渔法等多项课题研究。斑节对虾人工繁殖技术研究荣获 1990 年海南省科技进步二等奖（第一完成人）。前后撰写发表多篇论文和渔业资源调查专题报告。主编《海南省渔业科学技术志》、《海南主要水生生物》。

序

　　在祖国的南海海域，不管是西沙、中沙，还是南沙，每当艳阳高照，风平浪静，乘着小船在珊瑚丛上缓缓滑行，便可见星罗棋布的"鹿角"、"牛角"、"羊角"几乎探出水面，触手可及；散落在"丛林"中的"翡翠"、"玛瑙"，形态各异；时隐时现的"鲜花"，橙黄蓝白红，色彩艳丽，美不胜收；五彩缤纷的鱼虾在船儿周围穿梭漫游，构成一幅幅奇异的海底风景画……

　　自古以来，勤劳勇敢的中国渔民就在这片蓝色的国土上与鱼虾相伴，辛勤劳作，繁衍生息。

　　南海是世界第三大陆缘海、我国最大边缘海，地处热带、亚热带，有珠江、湄公河等多条河流汇入，其海底由四周向中部略呈阶梯状加深，有大陆架、大陆坡、深海平原、海山、海槽等丰富多样的海底地貌类型，分布着许许多多的珊瑚礁和珊瑚岛，为海洋生物提供了良好的栖息环境。得天独厚的地理和气候条件，造就了南海这个天然大渔场和生物资源宝库。

　　由于海南省所辖南海海域海洋生物门类繁多、分类复杂，为了给科研、教学、生产和管理提供更科学系统的参考，方便各界同仁的交流与合作，海南省海洋与渔业科学院（原海南省水产研究所）退休高级工程师、86 岁高龄的王鹏先生斗室伏案，历时数载，按珊瑚、虾类、鱼类三个大类，汇编成一套海洋生物工具书。这套书包含《海南珊瑚》、《海南虾类》、《海南海洋鱼类图片名录》三本，涉及海南珊瑚、虾类、鱼类近 1 500 个种，文字精炼，数据可靠，图片清晰，内容丰富，简明实用。这套书的出版将为渔业科研、教学、生产、科普和行政管理等方面的科技工作者、学生、政府官员和渔业企业及渔民等提供有益参考，也将为南海渔业资源养护和渔业经济的可持续发展做出积极贡献。

　　海南省管辖海域面积约占全国海域面积的三分之二，拥有中国特有的热带海洋环境，所管辖海域是 21 世纪海上丝绸之路建设的重要区域。将生态资源优势转化为经济社会发展优势，在海洋强国战略中肩挑重担，海南大有文章可做。老一辈科学家的不畏艰难、勇攀高峰的探索精神，求真务实、勇于创新的治学精神以及报效祖国、服务社会的奉献精神，值得我们学习、发扬和传承，我们应当进一步增强责任感和使命感，抢抓发展机遇，加快科技创新步伐，凝心聚力，共同为推动海洋科技创新发展和建设海洋强国做出新的更大的贡献！

海南省海洋与渔业厅副厅长、党组成员
海南省海洋与渔业科学院党委书记　　李向民

2016 年 11 月 18 日

前　言

　　甲壳动物中的虾类，是海洋无脊椎动物的主要种群，不仅种类多，分布广，从海底到水层，从潮间带到海洋深处，从海水至淡水都有它的分布，而且有些种类的数量大，产量高，蛋白质含量丰富，商品价值高，是重要的捕捞和养殖对象，在渔业经济中占有相当重要的地位，受到很大的重视。随着人民生活需求的日益增长，市场需求量大，促进了捕虾业和养虾业生产的迅猛发展。

　　海南沿岸近海虾类区系，以印度—太平洋热带种占优势。主要种与西太平洋热带、亚热带海域基本相同，种类组成和数量分布中居主导地位的是对虾类。对虾类的绝大多数种和经济种都栖息于海南岛四周沿岸近海浅水海域，有些经济价值较高的优良品种在 20 世纪 80 年代初已开始人工育苗进行养殖生产，如墨吉对虾、斑节对虾、日本对虾、近缘新对虾、长毛对虾、短沟对虾等。少数分布于海南岛以东大陆斜坡深海区深海性经济虾种类，如拟须虾、刀额拟海虾、长肢近对虾、单刺异腕虾等深具渔业潜力，故海南岛东部深海捕虾业的发展，待学者专家深入研究后，或许于更深海域发现更多具经济价值的深海虾种类。在我国各海域中以南海区的种类为最多，产量也较大。

　　虾类是我国重要的水产资源，也是海南重要的水产资源，海南自 1983 年海南行政区水产研究所斑节对虾取得人工育苗科研攻关取得重大成果后，至今已有 30 多年的历史。人工育苗又能满足养虾生产的需求，成虾养殖的产量和经济效益不断提高，使得虾类养殖成为水产养殖的重要组成部分。因此，在资源调查之利用、学术交流、开发利用新品种、资源保护、捕捞、养殖、加工和贸易等方面，种名的查定是相当重要的。本书共记载了海南主要虾种类 156 种，分隶于 27 科，65 属。每种以主要形态特征、地理分布的记述为主，对重要经济种类也作了生活习性、繁殖生长、经济价值、渔业等方面相应的记载。

　　本书参考中国水产科学研究院南海水产研究所、广西海洋水产研究所、湛江水产专科学校、海南行政区水产研究所、湛江地区水产研究所等的海上虾类资源调查资料和刘瑞玉等编著的《南海对虾类》等文献资料撰写。由于作者水平有限，缺点和错误在所难免，敬请读者予以指正。

王　鹏

2016 年 10 月 1 日

目 次

一、海南虾类资源状况

（一）海南岛沿岸近海虾类资源特征

海南岛属于西太平洋热带海区范围，海岸线曲折，有诸多港湾。水系发达，短状独流入海的有：南渡江、昌化江、万泉河、陵水河、望楼河、宁远河、珠碧江、太阳河、文澜河和藤桥河等154条河流组成辐射状的径流水系。因此，每年从陆地向海区排泄的淡水所携带大量营养盐类，促进并维持着沿岸地区的虾类基础饵料生物的繁殖，为虾、鱼类繁殖提供了优越的生长条件。沿岸近海海底地形大部分平坦开阔，底质以泥沙与砂泥为主，沿岸有发达的珊瑚礁，不少海岸滩涂生长着大量的红树林。沿岸近海周年水温变化不大，2月月平均值为19～33℃，8月为27～30℃，温差7～8℃。盐度一般为33.0～34.5，变化不明显。由于海洋环境条件比较稳定以及多样化的环境，为虾类繁殖、栖息提供了良好的环境条件，对虾类本身产生了一定的影响，显示出虾类生物学特性、生态习性以及虾类区系突出的一系列特点。

（1）种类多，分布广。虾种类和经济虾种类较之黄海、渤海、东海显著增多，在南海所分布的具有较高的经济价值的对虾中，绝大多数都是印度－西太平洋区广泛分布种。优质虾品种和可供养殖品种多。对虾属和新对虾属中均属个体大和肉质鲜美的高品质经济虾品种，同时可供人工养殖的理想品种和待开发利用品种也较多。现已开发养殖品种有：斑节对虾、日本对虾、墨吉对虾、刀额新对虾、短沟对虾等。

（2）种群数量少，群体密度较低。海南虾类远不如我国北方中国对虾年产量高，虽然墨吉对虾具有一定的集群性，但其集群密度较小，如墨吉对虾最大集群密度也只能一网（灯光围网）最高捕获到产卵群体3 342 kg（1973年临高后水湾）。南海北部约有300种虾类，没有任何1个种年产量超过1万t。海南年产量最高的毛虾（日本毛虾、锯齿毛虾）也只2 714.7 t（20世纪60年代）。除了毛虾汛期品种单纯、汛期突出、产量大、汛期持续时间短外，其他虾汛期都是群体混栖，不是一个单独种群，而是由多种群形成的渔汛结构，汛期不十分突出，但持续时间较长。

（3）性成熟早，产卵期长。有些种类，从幼体孵化后经半年即可达到性成熟，如亨氏仿对虾、哈氏仿对虾、墨吉对虾等。多数对虾类为分批产卵，产卵时间持续时间较长，一般达6个月以上，如墨吉对虾，几乎周年都有幼体出现。由于产卵期长，世代交错，群体组成复杂。不像我国北方中国对虾产卵期限较短，群体组成较为单纯。这是南海虾类与温带海区显著不同之处。

（4）生长速度快，资源更新能力强。对虾怀卵量少者几万粒，多者100万粒以上，如斑节对虾产卵量高达120万粒。一般春季产卵孵化后，到当年秋季或冬季其个体大小已接近亲虾，达到捕捞商品虾长度。同种的雌虾个体都比雄虾个体大、生长快，较早达到捕捞规格。在汛期，均以捕捞当年补充群体为主，而前年出生的剩余群体所占的比例较小。对虾的寿命一般为 1～2 年，个别超过 2 年。有的虾类如中国毛虾、日本毛虾、锯齿毛虾一年可达 2 个世代。由于生命周期短，繁殖力强，生长速度快，如资源遭到破坏，但在一定条件下，资源易于恢复，资源更新能力较强。

（5）食性杂，适应性较强。对虾类对生活环境适应能力较强，对食物种类的选择性不明显，未发现有专食性的种类。

（6）移动范围小，不作远距离洄游。根据对墨吉对虾、日本对虾、刀额新对虾、短沟对虾、斑节对虾等 5 种虾类标志放流研究的结果表明，海南对虾类仅在围绕海南岛沿岸内湾局部海区小范围内移动，没有远距离洄游现象。斑节对虾产完卵后，也仅向水深 60 m 以浅作垂直岸线移动。这显然与所在海区环境稳定程度、温度、盐度条件以及与其相关的生物因子的变动情况密切相关。

（二）海南各海区虾种类组成

南海虾类（不包括毛虾类在内，以下同）的分布依水深的不同而异，在一定水深范围内不同深度海域，虾的种类和群体结构各不相同。浅海（指 60 m 水深以浅）出现的那些种类在深水区域的试捕中没有发现，而在深水区域外生活的虾类除少数种类如印度拟对虾、刀额拟对虾，在 100～250 m 水深海区曾有出现外，其余种类均在 250 m 以深栖居，甚至有些种类如短肢近对虾、长额拟肝刺虾等仅在 900 m 以深才会出现。不同种类的虾类分布与水深的关系是十分密切的，它有着明显的区系属性。

1. 海南岛沿岸近海主要经济虾类渔获组成

海南岛沿岸近海主要经济虾类渔获物组成种类有：鹰爪虾类占优势，占总渔获量的 20.95%、刀额新对虾占 18.89%、日本对虾占 18.59%、赤虾类占 13.4%、墨吉对虾占 9.3%、短沟对虾 7.84%、近缘新对虾占 2.85%、哈氏仿对虾占 2.31%、中型新对虾占 2.06%、中华管鞭虾占 1.52%、斑节对虾占 1.34%、亨氏仿对虾占 0.27%、宽沟对虾占 0.19%、布氏新对虾占 0.01%、其他虾类占 0.48%。

2. 海南岛沿岸各段海区主要经济虾类渔获组成

（1）东部海区：须赤虾占 33.57%、鹰爪虾占 18.9%、短沟对虾占 15.66%、刀额新对虾占 11.89%、日本对虾占 4.68%、中华管鞭虾占 4.01%、中型新对虾占 3.39%、斑节对虾占 2.4%、宽沟对虾占 1.65%、墨吉对虾占 1.07%、亨氏仿对虾占 0.98%、哈氏仿对虾占 0.51%。

（2）南部海区：须赤虾占 50.09%、鹰爪虾占 16.44%、刀额新对虾占 13.47%、短沟对虾占 8.82%、斑节对虾占 2.61%、中型新对虾占 1.95%、墨吉对虾占 1.52%、日本对虾占 1.23%、亨氏仿对虾占 1.16%、布氏新对虾占 0.71%、中华管鞭虾占 0.61%、宽沟对虾占 0.60%、哈氏仿对虾占 0.54%、近缘新对虾占 0.31%。

（3）西部海区：墨吉对虾占 28.74%、刀额新对虾占 14.96%、须赤虾占 14.87%、近缘新对虾占 11.18%、短沟对虾占 9.74%、哈氏仿对虾占 6.32%、日本对虾占 5.71%、中华管鞭虾占 3.50%、鹰爪虾占 2.42%、中型新对虾占 1.59%、斑节对虾占 0.26%、宽沟对虾占 0.02%。

（4）北部海区：鹰爪虾占 30.21%、日本对虾占 27.97%、刀额新对虾占 22.47、短沟对虾占 6.36%、须赤虾占 4.29%、墨吉对虾占 3.05%、中型新对虾占 1.95%、斑节对虾占 1.49%、哈氏仿对虾占 0.96%、中华管鞭虾占 0.61%、亨氏仿对虾占 0.28%、近缘新对虾占 0.03%。

3. 海南岛沿岸主要虾场主要经济虾种类渔获组成

（1）抱虎角虾场。琼州海峡东口浅滩以东、抱虎岭北方，水深 20 m 以浅水域，本虾场属浅滩性虾场。其主要渔获物组成：鹰爪虾类占 32.89%、日本对虾占 25.23%、刀额新对虾占 23.3%、短沟对虾占 6.32%、赤虾类占 3.98%、墨吉对虾占 3.47%、斑节对虾占 1.70%、中型新对虾占 1.53%、哈氏仿对虾占 1.01% 等 9 种经济虾类。汛期为 6—10 月。

（2）陵水沿岸虾场。东南起后海湾，东北止大洲岛，沿岸 60 m 以浅海区。汛期为 6—11 月，须赤虾占 40.7%、鹰爪虾占 16.7%、短沟对虾占 14.0%、中型新对虾占 4.8%、斑节对虾占 4.1%、日本对虾占 3.4%、中华管鞭虾占 3.0%、宽沟对虾占 2.2%、哈氏仿对虾占 0.98%、墨吉对虾占 0.73% 等 10 种经济虾类。汛期：6—11 月，最旺为 8—9 月。

（3）三亚沿岸虾场。本虾场位于海南岛南岸，东起牙笼角，西迄莺歌嘴，水深 30 m 水域，其主要渔获物组成为：须赤虾占 39.99%、鹰爪虾占 15.24%、刀额新对虾占 11.14%、墨吉对虾占 9.19%、亨氏仿对虾占 8.01%、哈氏仿对虾占 3.65%、短沟对虾占 3.47%、日本对虾占 1.19%、中型新对虾占 0.97%、斑节对虾占 0.55%。据试捕资料，8—11 月为高产月份。但当地渔民是以主要捕捞对象确定汛期，如墨吉对虾（黄虾）汛期为 8 月至翌年 3 月，旺季为 1—3 月和 8—10 月；仿对虾类、新对虾类、鹰爪虾类、须赤虾类等，渔民都认为一年四季都可捕获，但其中以 1—3 月和 7—8 月为两个主要旺季。

（4）北黎湾虾场。位于昌化江口的西侧，在东方八所港的北侧，属内湾性虾场，水深 10 m 以浅。汛期为 9 月至翌年 4 月，其中 12 月至翌年 3 月最旺。4—8 月大批幼虾出现。主要经济虾类渔获组成：墨吉对虾占 66.59%、近缘新对虾占 20.65%、刀额新对虾占 9.52%、哈氏仿对虾占 2.12%、管鞭虾占 0.46%、中型新对虾占 0.28%、鹰爪虾占 0.21%、细巧仿对虾占 0.11%、须赤虾占 0.03%、短沟对虾占 0.02%。前 3 种是优势种，占总渔获量的 96.76%。

（5）儋州沿岸虾场。位于海南岛西部，西南起于昌化角，东北迄马井口。在其水深 50 m 以浅，主要经济虾类渔获组成：须赤虾占 26.55%、刀额新对虾占 25.10%、短沟对虾占 17.68%、日本对虾占 10.11%、管鞭虾占 5.77%、哈氏仿对虾占 4.37%、鹰爪虾占 4.21%、墨吉对虾占 2.28%、中型新对虾占 2.08%、近缘新对虾占 0.85%。汛期：9 月至翌年 3 月，旺季 9 月至翌年 1 月。

海南岛沿岸主要虾场分布

（6）临高滩虾场（又称兵角虾场）。位于琼州海峡西口，儋州兵马山的北边。水深 14 ～ 30 m，该浅滩水深 7.5 ～ 10 m。主要经济虾类渔获组成：日本对虾占 42.6%、须赤虾占 21.92%、鹰爪虾占 12.6%、刀额新对虾占 12.36%、短沟对虾占 5.5%、中型新对虾占 3.37%、中华管鞭虾占 0.56%、哈氏仿对虾占 0.45%、墨吉对虾占 0.23%、近缘新对虾占 0.14%、斑节对虾占 0.11%、亨氏仿对虾占 0.01%。汛期：7 月至翌年 2 月，其中 9—12 月最旺。

（7）毛虾类渔场。主要分布于琼州海峡（文昌、海口、澄迈）、东方、乐东、三亚沿岸。利用涨、落潮流急和高、低潮落差比较大的海区，靠双桩张网（又称建网、扶网）自动升、降装捞作业生产。主要捕获种类有日本毛虾、锯齿毛虾、中国毛虾。毛虾汛期周年有两个，6—8 月为最旺汛期，其次是 10—12 月。

4. 海南岛以东海区大陆斜坡虾的种类渔获组成

该海区主要经济种类有 9 种，拟须虾占优势，占总渔获量的 46.7%，其次是刀额拟海虾，占 23.1%，长肢近对虾占 7.5%，东方异腕虾占 4.4%，绿须虾和单刺异腕虾分别占 3.7% 和 3.2%，长足红虾、印度红虾和厚色指虾较少，各占 1.5% ～ 1.6%，其他虾类仅占 8.4%。栖居南海北部大陆斜坡的虾种类，除少数广泛种类外，大都属于热带和亚热带海区的冷水性种类，有别于近海区的暖水性种类。主要以印度－西太平洋海区的种类占大多数，有少数种类如拟须虾、长肢近对虾、长足红虾、弓背异腕虾、滑额异腕虾等种类，分布较广，在大西洋西部和东部海区也有分布。

5. 礁栖性虾类

三沙海域珊瑚礁区礁栖性虾类，除了龙虾类外，大多数种类经济价值不高。

6. 淡水虾类

海南省陆地面积约 36 000 km²，陆地面积有限，仅海南岛主要几条江河有少数淡水虾类分布，主要有长臂虾科亚科中的沼虾属、瘦虾属和拟瘦虾属中的几个品种：如乳指沼虾、海南沼虾、等齿沼虾、日本沼虾、阔指沼虾、大螯虾、南方沼虾、粗糙沼虾、美丽沼虾、贪食沼虾、纤瘦虾、宽额拟瘦虾、长足拟瘦虾等。其中分布于万泉河、陵水河的乳指沼虾为我国目前已知沼虾属中个体最大的一种，一般体长 120 ~ 132 mm（由国外引种养殖的罗氏沼虾除外）。

（三）主要经济虾类

海南地区主要海水经济虾类资源大都分布在海南岛沿岸近海水深 60 m 以浅海区。海南虾种类繁多，占有一定经济价值的种类大约有 50 种。淡水虾仅在海南岛的四大江河和水库中分布约 6 个淡水经济虾类品种。共约 56 个经济品种，其中：

主要海水经济虾种类有 50 种：

拟须虾类：拟须虾

须 虾 类：绿须虾

近对虾类：长带近对虾

拟海虾类：刀额拟海虾。

对 虾 类：

墨吉对虾

长毛对虾

日本对虾

短沟对虾

宽沟对虾

斑节对虾

红斑对虾

缘沟对虾

印度对虾

新对虾类：近缘新对虾

刀额新对虾

中型新对虾

布氏新对虾

周氏新对虾

仿对虾类：哈氏仿对虾

刀额仿对虾

角突仿对虾

亨氏仿对虾

细巧仿对虾

鹰爪虾类：鹰爪虾

长脚鹰爪虾

马来鹰爪虾

澎湖鹰爪虾

赤 虾 类：须赤虾

音响赤虾

巴贝岛赤虾

中国赤虾

门司赤虾

管鞭虾类：中华管鞭虾

凹管鞭虾

高脊管鞭虾

短足管鞭虾

毛 虾 类：日本毛虾

锯齿毛虾

中国毛虾

异腕虾类：单刺异腕虾

东方异腕虾

海螯虾类：相模后海螯虾

龙 虾 类：日本龙虾

锦绣龙虾

杂色龙虾

中国龙虾

密毛龙虾

波纹龙虾

长足龙虾

主要淡水经济虾类有 6 个种类：乳指沼虾、日本沼虾、阔指沼虾、南方沼虾、海南沼虾、美丽沼虾。

二、虾类在节肢动物中的地位

虾和蟹跟蜘蛛、蜈蚣、昆虫等类同属于一门动物，因为它的肢体都是分节，所以统称为节肢动物（也叫节足动物）。节肢动物是一门与人类生活有密切关系的无脊柱动物。现代生存的节肢动物可分为有螯类和有颚类两个亚门。有螯类口前第1对附肢呈钳状，为螯肢，口后的第1附肢为脚须，这个亚门中包括肢口纲（如鲎）、蛛形纲（如蜘蛛、蝎、螨）。有颚类口前第1对附肢为触角，口后第1对附肢为大颚，这个亚门中包括昆虫纲（如蝗、蚊、蝶）、唇足纲（如蜈蚣）、倍足纲（如马陆）和甲壳纲（虾、蟹）。虾类和蟹类同其他节肢动物有很大的不同，它们绝大多数生活在水中，一般用鳃来呼吸，头部有两对触角。由于它们外骨骼中常含有较多的石灰质，使外壳变得坚硬如甲，所以动物学上称这类动物为甲壳纲。

与水产生产关系比较密切的主要经济种类有甲壳纲和肢口纲中的一些种类，虾类属于甲壳纲软甲亚纲中的十足目。

虾类是构造比较复杂的高等甲壳类，它的胸部附肢比较发达，高度分化，有5对形成步足（在大多数种类中是用来爬行、捕食或御敌），所以称为十足目。

节肢动物门

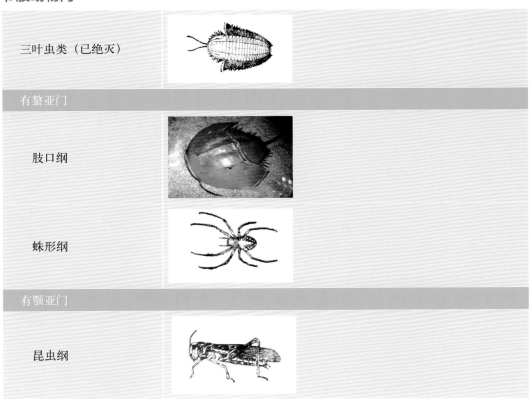

三叶虫类（已绝灭）	
有螯亚门	
肢口纲	
蛛形纲	
有颚亚门	
昆虫纲	

唇足纲	
倍足纲	
甲壳纲	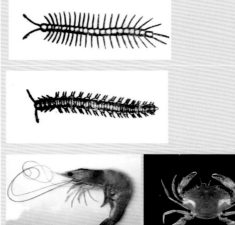

软甲亚纲

十足目 DECAPODA

枝鳃亚目 DENDROBRANCHIATA

对虾总科 PENAEOIDEA

须虾科	
管鞭虾科	
对虾科	
单肢虾科	

樱虾总科 SERGESTIOIDEA

樱虾科

腹胚亚目 PLEOCYAMATA

猬虾次目 STENOPODIDEA

猬虾科

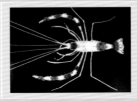

真虾次目 CARIDEA

玻璃虾总科 PASIPHAEOIDEA

玻璃虾科

刺虾总科 OPLOPHOROIDEA

刺虾科

线足虾总科 NEMATOCARCINOIDEA

驼背虾科

活额虾科

剪足虾总科 PSALIDOPODOIDEA

剪足虾科

棒指虾总科 STYLLODACTYLOIDEA

棒指虾科

长臂虾总科 PALAEMONOIDEA

叶颚虾科

长臂虾科

异指虾总科 PROCESSOIDEA

异指虾科

鼓虾总科 ALPHEOIDEA

鼓虾科

长眼虾科

藻虾科

长额虾总科 PANDALOIDEA

长额虾科

| 海虾科 |  |

褐虾总科 CRANGDONOIDEA

| 褐虾科 |  |

鳌虾次目 ASTACIDEA
　海鳌虾总科 NEPHROPSIDEA

| 海鳌虾科 |   |

蝼蛄虾次目 THALASSINIDEA
　蝼蛄虾总科 THALASSINOIDEA

| 泥虾科 |  |

| 海蛄虾科 |  |

龙虾次目 PALINURIDEA
　龙虾总科 PALINUROIDEA

| 龙虾科 |  |

| 蝉虾科 | |

三、虾类形态

（一）外部形态名称

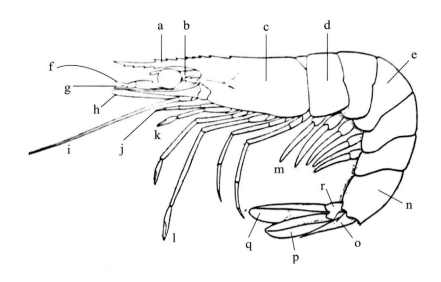

虾类各部名称示意图

a.额角；b.第 1 额角柄刺；c.头胸甲；d.第 1 腹节；e.第 3 腹节；f.第 1 触角上鞭；g.第 1 触角下鞭；
h.第 2 触角鳞片；i.第 2 触角；j.第 3 颚足；k.第 1 步足；l.第 3 步足；m.第 1 腹足；n.第 6 腹节；
o.尾柄；p.尾肢之内肢；q.尾肢之外肢；r.尾肢之基肢

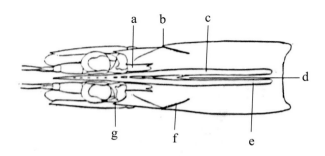

虾类头胸甲背面各部名称示意图

a.额胃沟；b.额角侧沟；c.额角后脊；d.中央沟；e.肝刺；f.颈脊；g.触角刺

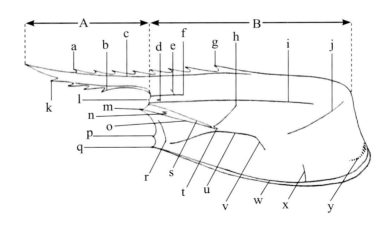

虾类头胸甲侧面各部名称示意图

A. 额角长；B. 头胸甲长

a. 额角上缘最后齿；b. 额角下缘第 1 齿；c. 额角侧沟；d. 眼后刺；e. 眼后沟；f. 额胃沟；g. 额角上缘第 1 齿或胃上刺；h. 颈沟或脊；i. 纵缝；j. 心鳃沟或脊；k. 额角下缘最后齿；l. 眼上刺；m. 触角刺；n. 触角后刺；o. 触角脊；p. 鳃甲刺；q. 颊刺；r. 触角沟；s. 眼眶触角沟；t. 肝刺；u. 肝沟；v. 肝鳃沟；w. 颊沟；x. 横缝；y. 发音器

A. 额角下缘具齿；B. 额角下缘不具齿

a. 额后齿；b. 额上齿；c. 额下齿

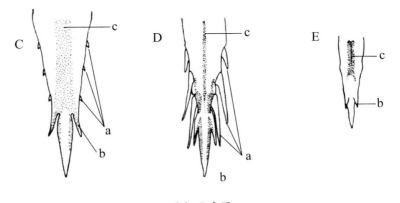

尾柄示意图

a. 可动刺；b. 不动刺；c. 中央沟

鹰爪虾　　斑节对虾　　刺尾厚对虾　　墨吉对虾　　日本对虾
（上♀，下♂）（上♀，下♂）（上♀，下♂）（上♀，下♂）（上♀，下♂）

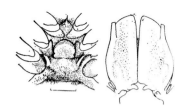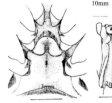

绿须虾（左♀,右♂,下同）　　长足拟对虾♀♂　　脊单肢虾♀♂

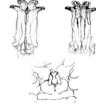
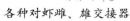

沙栖新对虾♀♂　细巧仿对虾♀♂　　脊赤虾♀♂　　红斑对虾♀♂

各种对虾雌、雄交接器

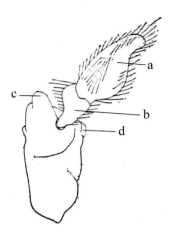

对虾之大颚
a.触须（第2节）；b.触须（第1节）；
c.门齿；d.臼齿

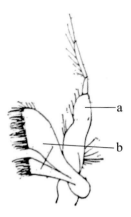

对虾之第1小颚
a.内肢；b.基肢

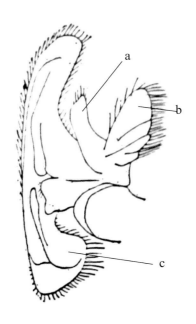

对虾之第 2 小颚

a. 内肢；b. 基肢；c. 外肢（颚舟片）

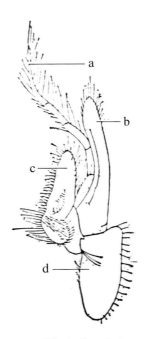

对虾之第 1 颚足

a. 内肢；b. 外肢；c. 原节；d. 肢鳃

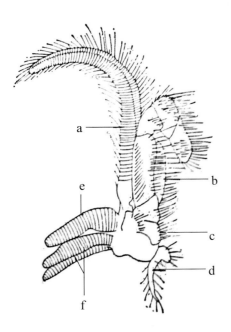

对虾之第 2 颚足

a. 外肢；b. 内肢；c. 基肢；d. 肢鳃；
e. 足鳃；f. 关节鳃

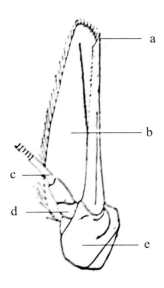

对虾之第 2 触角（腹面）

a. 鳞片侧刺；b. 第 2 触角鳞片；
c. 第 2 触角鞭；d. 第 2 触角柄；e. 基肢

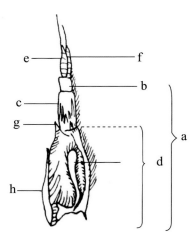

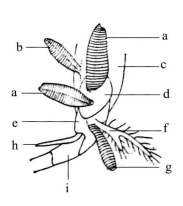

第一触角（左边）之背面示意图

a.第1触角柄；b.第1触角柄之第三节Ⅲ；
c.第1触角柄之第二节Ⅱ；d.第1触角柄之第一节Ⅰ；
e.上鞭（外鞭）；f.下鞭（内鞭）；g.第1触角基节刺；
h.第1触角柄刺；i.内侧附肢

对虾各种鳃之位置及名称

a.关节鳃；b.侧鳃；c.体壁；d.关节膜；
f.肢鳃；g.足鳃；h.外肢；i.基节

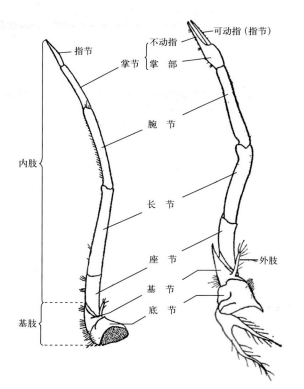

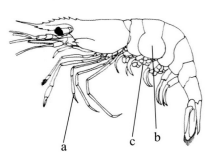

对虾之第2（右）及第4（左）步足
各部名称示意图

真虾类

a.第3步足；b.第2腹甲侧板；c.受精卵

（二）内部构造

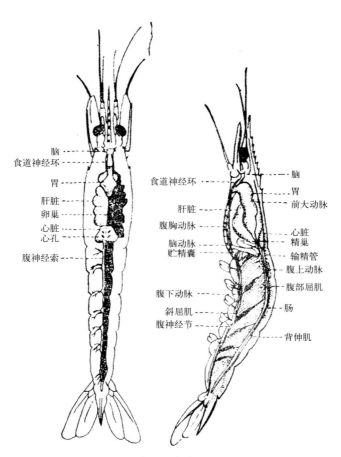

脑
食道神经环
胃
肝脏
卵巢
心脏
心孔
腹神经索

食道神经环
肝脏
腹胸动脉
脑动脉
贮精囊
腹下动脉
斜屈肌
腹神经节

脑
胃
前大动脉
心脏
精巢
输精管
腹上动脉
腹部屈肌
肠
背伸肌

对虾的内部结构

四、对虾的繁殖发育

每尾对虾怀卵的数量很多，从几万到 100 余万粒。其产卵量虽多，但浅海的环境条件变化很大，虾的幼体相当娇弱，适应能力差，在复杂的变化过程中，一般只有 50% 以下的小部分能度过整个幼体阶段，顺利成长。它们产这样大量的卵也是对自然环境的一种适应方式。

对虾的成熟卵子直接排放到海水里。产卵多在夜间进行。产卵时对虾迅速在海水的中、上层游泳前进，卵子通过第 3 对步足基部的雌性生殖孔排出体外；与此同时贮存在纳精囊里的精液也被放出，卵子同精子在水中相遇而行受精。对虾类的受精卵分裂、发育很快，在适温的条件下，约经一昼夜可以孵化。刚刚孵化出的幼体，构造十分简单，形状同母体丝毫没有相似之处（见下图）。

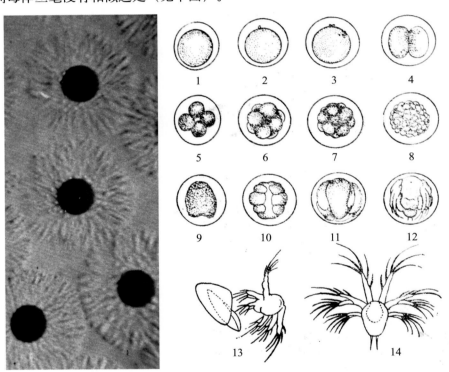

对虾的受精卵、胚胎发育及幼体变态
1. 受精卵；2. 出现第一极体；3. 出现第二极体；4～8. 分别为 2、4、8、16 细胞和多细胞期；9. 原肠期；10. 肢牙期；11～12. 膜内无节幼体；13. 幼体破膜而出；14. 第 1 期无节幼体

从受精卵刚孵化出来的幼体具有 3 对简单的附肢（后来发育成为第 1、2 触角和大颚），额顶有一个红色眼点，尾端有 1 对刺毛；但没有消化道，没有口和肛门，不从外界摄取任何食物，完全靠体内的卵黄维持生活，继续发育。幼体靠上述 3 对附肢的摆动，缓慢而有节奏地游泳活动。而且身体还没有分节，所以被称为无节幼体（也叫

六肢幼体）。

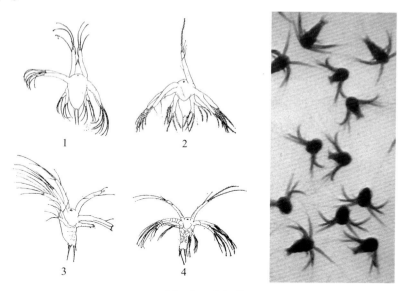

对虾的无节幼体
1. 第 1 期无节幼体（背面）；2. 第 2 期无节幼体；3. 第 4 期无节幼体
（附肢刚毛上的羽状小毛略去）；4. 第 6 期无节幼体（腹面）

溞状幼体共分 3 期。溞状幼体已具有消化系统——口、消化道和肛门，由于它的活动能力很弱，只靠摄食漂浮在水体中的小形单细胞藻类，如硅藻、绿藻等。溞状幼体阶段，最不易培养，死亡率较高。

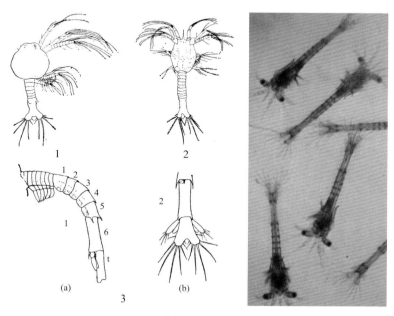

对虾溞状幼体
1. 第 1 期溞状幼体（背面）；2. 第 2 期溞状幼体（背面）；3. 第 3 期溞状幼体（a）胸部
和腹部侧面；示第 3～8 胸肢雏形（b）尾部背面、示尾肢和尾节

　　第 3 期溞状幼体蜕皮后变为糠虾幼体。它的形状已经像一个小虾，但腹肢尚未形成，和糠虾类有些相似，所以称为糠虾幼体。这时幼体活动能力仍很弱，不能控制身体平衡，除摄食单胞藻外，还摄食一些小形无脊椎动物，如轮虫、贝类和甲壳类的幼体。糠虾幼体也分为 3 期。糠虾幼体阶段主要是腹肢的发育，但主要游泳器官仍为胸肢。第 3 期糠虾幼体蜕皮后，体形构造才基本上和母体相似（见左下图）。至此，幼体发育阶段完全度过，进入仔虾期（也称为幼体后期）。仔虾主要是靠比较发达的腹肢游泳活动，这时仍行浮游生活再经 3 ～ 4 次蜕皮才转为底栖生活。直到发育到仔虾 12 ～ 20 期，可供作养殖生产的虾苗（见右下图）。

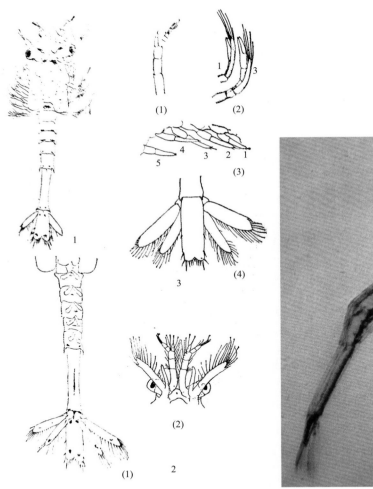
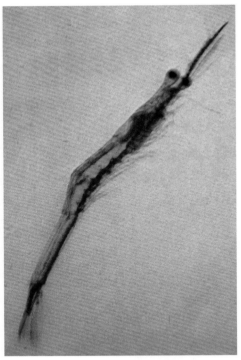

对虾的糠虾幼体

1. 第 1 期糠虾幼体；2. 第 2 期糠虾幼体（1）腹部腹面观（2）头部前端腹面观；

3. 第 3 期糠虾幼体（1）第 1 触角（2）第 1 和第 3 对步足

（3）1 ～ 5 腹肢（4）尾节和尾肢

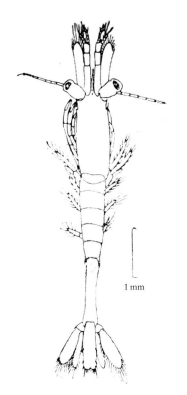 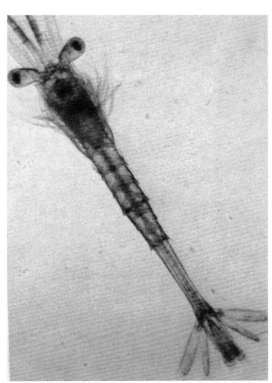

仔虾（幼体后期）

出池虾苗

五、主要虾类的形态特征、生物学和分布

十足目 DECAPODA

枝鳃亚目 DENDROBRANCHIATA

对虾总科 PENAEOIDEA

■ 须虾科 ARISTEIDAE Wood-Mason, 1891

1. 拟须虾 *Aristaeomorpha foliacea*（Risso, 1827）

别名： 胭脂对虾、胭脂虾。

形态特征： 体长 106 ～ 140 mm，甲壳薄，体红色，在体表较凹或沟的部位着生柔软细毛。额角发达，基部下缘较平直，上缘渐下弯呈弧形，自中部起又微向上弯。雌性额角较长，上缘 8 ～ 13 齿，其中基部 2 齿位于头胸甲上；基部 5 ～ 6 齿较大，末端 3 ～ 7 齿很小，下缘无齿。雄性额角显著较短，上缘 5 齿。额角后脊伸至头胸甲中部，额角侧脊伸至眼眶缘稍后，第 2 齿下

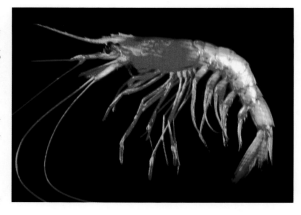

方。第 1 触角上鞭短小。胸足皆无外肢。第 4 ～ 5 胸足细长。第 2 ～ 6 腹节之背缘有中央纵脊，且末端均各形成小刺。尾节较长，末端尖，伸至尾肢内肢末端，侧缘近末端有 3 对活动刺，背面具纵沟，沟的两侧为纵脊。

生态和生物学： 拟须虾个体较大，渔获的体长范围一般为 120 ～ 160 mm，体质量 20 ～ 30 g。雌虾较大，最大体长达 170 mm，体质量达 46 g；雄虾最大体长为 160 mm，体质量达 41 g。体长分布范围以 6、8、9 三个月较为集中，成虾群体无幼虾。6—10 月均有性腺成熟度为 I ～ IV 期的虾出现，初步认为 6—8 月是拟须虾的产卵期。栖息水深 250 ～ 1 300 m 之泥质海底。常与大管鞭虾、凹管鞭虾混栖。

地理分布： 几乎世界各海域均有分布，广泛分布于西太平洋、印度洋、大西洋西部和东部。印度－西太平洋：非洲东岸至中国、日本、新西兰和斐济。我国分布于东海、台湾、南海北部陆坡深水，水深 294 ～ 535 m 的海域。

渔业： 为世界性深海产虾类，体形较大，群体小，产量不高，有一定生产潜力。为底拖网捕获。

2. 绿须虾 *Aristeus virilis*（Bate, 1881）

别名：灯笼虾、文虾、胭脂虾、雄壮须虾。

形态特征：成虾体长为 106 ~ 155 mm，甲壳表面和附肢覆以密毛。体表呈淡灰白色。各腹节后缘有红色横带。第 2 触角鳞片深粉红色，如胭脂状。尾节后半部红色。胸足上之发光器为紫红色。 额角平直，雄性额角较短而平直，仅伸至第 1 触角柄第 2 或第 3 节末端；雌性额角显著较长，末半部上扬，末端尖锐，明显地超出第 2 触角鳞片很多，上缘具 3 齿，第 1 齿位于眼眶稍后方。额角后脊发达，约伸至头胸甲 2/3 处。头胸甲颈脊短而明显，肝脊显著。各胸足腕节末端有多数发光器。第 4 ~ 6 腹节之背缘有中央纵脊，且末端形成小刺。尾节末端尖，背面纵沟较浅，具 4 对活动侧刺，前 3 对距离最后 1 对较远。

生态和生物学：绿须虾属大型虾类，雌虾最大体长可达 160 mm，体质量 44 g。雄虾较小，最大体长为 145 mm，体质量 28 g。6 月性腺成熟度达Ⅳ的个体占 25%，可能 6 月为产卵期。9—10 月末发现性成熟个体。栖息于水深 200 ~ 1 000 m 间的泥质海底中。

地理分布：分布于非洲东岸至日本，新赫布里底岛和印度尼西亚水深 344 ~ 810 m。我国分布于南海北部大陆坡 347 ~ 936 m 及东海、台湾沿海。

渔业：为虾拖网船所捕获，体形大，唯产量不高，但深具开发潜力。

3. 软肝刺虾 *Hepomatus tener* Bate, 1881

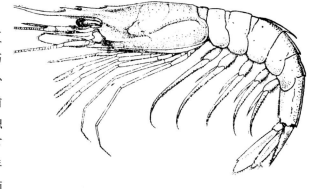

别名：红虾。

形态特征：体长 87 ~ 122 mm，体呈红色。甲壳表面光滑。额角直而细长，末端尖，稍向上扬，约与头胸甲等长，超出第 1 触角上鞭（外鞭）末；上缘基部具 3 齿，第 1 齿位于眼眶缘后方，末齿位于第 1 触角柄基节末部；额角上缘末部及下缘无齿。额角后脊细而明显，几乎伸至头胸甲后缘。额角侧脊止于额角第 1 齿下方。尾节与第 6 腹节等长，尾节末半部两侧具 4 对活动刺。

地理分布：分布于印度－西太平洋（孟加拉、桑给巴尔），大西洋（美国东海岸 1 514 ~ 3 365 m 水深）。我国分布于南海北部大陆架外缘（珠江口外大陆坡、海南岛外大陆坡外缘）水深 662 ~ 940 m 海域。

4. 长额拟肝刺虾 *Prahepomadus vaubani* Grosnier, 1978

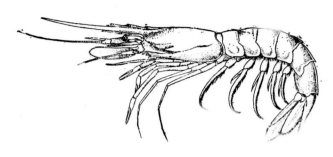

别名： 红虾。

形态特征： 一般体长为 132 ~
195 mm，甲壳披较短软毛，体
红色。额角细长，较平直，末半
部微向上扬，基部上缘具 3 齿，
第 1 齿位于眼眶缘稍后方，末齿
位于第 1 触角柄基节末端正上
方。额角侧脊和沟伸至第 1 额齿下方，额角后脊约伸至头胸甲 2/3 处消失。头胸甲仅具
触角后刺、鳃甲刺及触角刺，后者较小。无肝刺和颊刺。尾节末端尖，背面纵沟较浅，
尾节侧缘末部有 3 ~ 4 对活动小刺。

生态和生物学： 雄性体长 140 mm 以上个体已性成熟，有些采到的标本发现第 5
对步足处生殖孔排出精荚。长额拟肝刺虾个体较大，雌虾最大体长可达 225 mm，体
质量达 110 g，平均体长为 157.4 mm，平均体质量 55.8 g；雄虾比雌虾小，最大体长
为 190 mm，体质量 90 g，平均体长为 154.6 mm，平均体质量 44.4 g。10 月渔获的体
长分布范围较广：雌虾 90 ~ 225 mm，其中体长 150 mm 以上的成虾占 70%；雄虾为
90 ~ 194 mm，而体长 140 ~ 174 mm 者占 73%。

地理分布： 分布于南非马达加斯加。我国分布于南海北部大陆坡，水深 610 ~
934 m 海域。

5. 长带近对虾 *Plesiopenaeus edwardsianus*（Johnson, 1867）

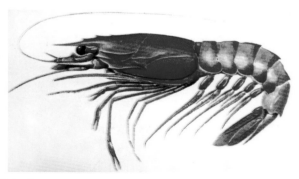

别名： 长肢近对虾。

形态特征： 头胸部较粗，腹部
稍细长。最大体长 205 mm，体质量
104 g，体红色，甲壳较光滑。额角基
部隆起较高，上缘具 3 齿，中间 1 齿
位于眼眶上方，额角末半部稍平直；
下缘无齿，基部有 1 列羽状毛。额角
长度变化比较大，雌虾很长，稍超出
或仅达至第 1 触角短鞭末端，幼小个体额角更长，末半部稍向上弯；雄虾额角较短，
但细小个体额角平直，显著长于成体者。尾节外缘近末端具 4 对活动侧刺。

生态和生物学： 长带近对虾是深水虾类中的大型种。雌虾最大体长达 205 mm，
体质量 104 g；雄虾较小，最大体长为 180 mm，体质量 66 g。如从体长分布月变化可
看出 4、6 月渔获的虾均为个体较大的成虾，无小虾出现。 如 4 月雌虾的体长分布范
围为 145 ~ 201 mm，多数为 170 ~ 194 mm，占 71%，平均体长为 180 mm，体质量
44 g；雄虾体长为 140 ~ 179 mm，体长 150 ~ 169 mm 占 67%，平均体长为 159 mm，

体质量 27g。9—10 月渔获的虾体长分布范围较广。对长带近对虾产卵有待进一步研究，但根据 9—10 月出现个体较小的补充群体，同时仍有一定比列雌虾的卵巢为Ⅳ期，这表明这种虾产卵期较长，可能在 6 月以前已产卵。为深海虾种类，分布水深为 247 ～ 1850 m。

地理分布： 广泛分布于大西洋、东部印度洋和太平洋各深水海区。我国分布于东海、南海北部陆坡，水深 310 ～ 946 m。

6. 短肢近对虾 *Plesiopenaeus coruscans* （**Wood-Mason, 1891**）

形态特征： 体长 105 ～ 195 mm，新鲜成虾橘红色，甲壳表面光滑。额角较平直，末端尖，远远超过第 2 触角鳞片末端，未成熟的雄虾额角几乎与头胸甲等长或短于头胸甲；成熟的个体额角稍短，上缘基部具 3 齿，第 1 齿位于眼眶缘上方，上缘末部和下缘无齿。额角后脊几乎伸至

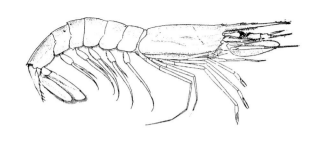

头胸甲后缘。额角侧脊伸至第 1 额齿后下方。尾节几乎与第 6 腹节等长，末端尖，两侧具 4 对活动刺。

地理分布： 为深海产虾类，分布于印度洋阿拉伯海水深 1 508 m；孟加拉湾水深 1 026 m；安达曼、拉卡代夫、马拉巴、马达加斯加附近海区 995 ～ 1 020 m；大西洋巴哈马群岛水深 1 645 ～ 1 728 m；墨西哥湾水深 2 364 m；西太平洋也有分布。我国分布于南海北部陆坡水深 829 ～ 1 099 m。

7. 粗足假须虾 *Pseudaristeus crassipes* （**Wood-Mason, 1891**）

形态特征： 体长 126 mm，新鲜虾体红色，甲壳背面光滑。额角平直，末端尖。伸出第 2 鳞片末端，额角上缘基部有 3 齿，第 1 齿位于眼眶后上方，末齿位于眼柄末端上方，额角末部及下缘无齿。额角后脊较低，伸至颈沟至头胸甲后缘之间，后颈沟处，额角侧脊伸至额角第 1 齿下方，头胸甲具肝脊、眼后脊、心鳃脊、亚缘脊。尾节与第 6 节等长，尾

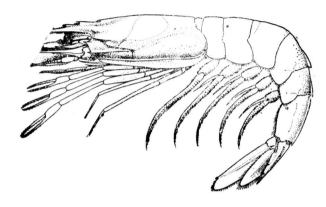

十足目 DECAPODA

枝鳃亚目 DENDROBRANCHIATA

节的后半部两侧具 4 对活动刺。

地理分布：分布于阿拉伯海水深 658 ～ 1 738 m 海域；孟加拉湾水深 411 ～ 1 087 m 海域；印度的安达曼海水深 1 356 ～ 2 024 m 海域；亚丁湾水深 1 060 ～ 1 295 m 海域。我国分布于南海北部陆坡深水、东海西部水深 720 ～ 1 080 m 海域。

8. 东方深对虾 *Benthesicymus investigatoris* Acoock et Anderson, 1899

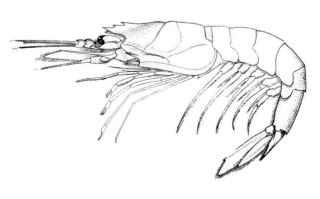

形态特征：体长 55 ～ 76 mm，新鲜成体体色为红色。甲壳表面光滑。额角短，侧扁，侧面略呈三角形，不到第 1 触角柄基部末端，上缘具 2 齿，前齿位于眼眶缘上前方，该齿到末端长度约为该齿基部高的 1.8 倍；后齿位于眼眶缘上后方。额角后脊伸至头胸甲背中部，肝脊锐而平直，心鳃脊显著。尾节末缘钝，有两个活动刺，亚末缘两侧缘具 3 对活动刺。

地理分布：分布于东非马达加斯加水深 740 ～ 1 300 m 海域；印度安达曼水深 667 ～ 1 164 m 海域。我国分布于南海北部大陆坡，水深 248 ～ 1 024 m 海域。

9. 菲深浮虾 *Benthonectes filipes* Smith, 1885

别名：细足深浮虾。

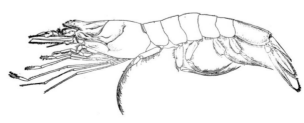

形态特征：一般体长 68 mm。额角短，几乎伸至角膜前缘，上缘具 2 齿轮，下缘具一列羽状毛。额角后脊前半较明显，后半较弱，几乎伸至头胸甲后缘。尾节略尖，稍短于第 6 腹节。尾节亚末端具有 3 对活动刺。尾肢内肢长于尾节。

地理分布：分布于马达加斯加。我国分布于南海北部陆坡水深 519 ～ 524 m 海域。

10. 小屈腕虾 *Gennadas parvus* Bate, 1881

形态特征：小型虾类，体长仅 23 mm，甲壳薄，体红色。额角短，末端尖，三角形，上缘具 2 齿，前齿很大，后齿很小。额角后脊几乎伸至头胸甲后缘。头胸甲仅具鳃甲刺，而无肝刺、眼后刺和额角刺。颈沟和后颈沟深而长，均跨越头胸甲背面；眼后沟细长，由额角角后伸至颈沟和后颈沟下方，肝沟明显。腹部仅第 6 节具背脊。第 6 腹节细长。尾节较短，约为第 6 腹节长的 7/10，末端平截，着生一列长刚毛，外侧为 1 对活动刺。

地理分布: 大西洋、太平洋、印度洋、阿拉伯海均有分布。我国分布于南海西沙中沙群岛海域水深约 1 020 m 处(浮游生物网拖获)。

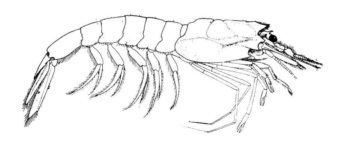

■ 管鞭虾科 SOLENOCERIDAE Wood-Mason, 1891

11. 亚菲海虾 *Haliporus taprobanensis* Alcock et Anderson, 1899

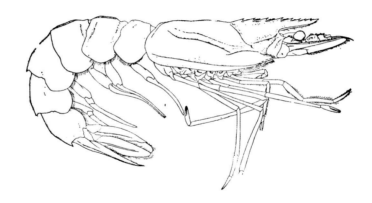

形态特征: 为大型深海虾类,体长一般 113 ~ 152 mm。额角平直,约伸至第 1 触角柄第 2 节末端;上缘具 7 ~ 8 齿(齿的排列由前向后依次变密),有 4 齿位于头胸甲上。额角下缘直向上前方斜伸,仅具一列长毛。头胸甲具肝刺、触角后刺、触角刺、颊刺。触角后刺位于触角刺和肝刺距离的中间,三者几成一直线(中间者稍高)。额角后脊伸至头胸甲 2/3 处消失,中部隆起很高。触角后脊短而锐,稍向后下方斜伸。第 4 ~ 6 腹节纵脊末端具一锐刺,第 6 腹节侧后下角各有 1 小刺,尾节约为第 6 节长度的 1.5 倍,末端尖,几乎与尾肢内肢齐长。尾节侧缘近末端各具 1 对固定刺,其前方有 3 对微小活动刺。背面纵沟较宽而浅,沟之两侧为纵脊。5 对步足皆具细小的外肢。第 1 对步足具基节刺和座刺,第 2 对步足无刺,第 5 对步足底节内侧有 1 小刺。

生物学: 亚菲海虾属大型虾类,雌虾最大体长 162 mm,体质量 40 g。雄虾比雌虾小,雄虾最大体长 130 mm,体质量 25 g。10 月雌虾性腺成熟度,大部分为Ⅲ期,平均体长、体质量分别为 142 mm 和 26.6 g。

地理分布: 分布于南非马达加斯加。我国分布于南海北部水深 544 ~ 715 m 海域。

十足目 DECAPODA

枝鳃亚目 DENDROBRANCHIATA

12. 卢卡厚对虾 *Hadropenaeus lucasii*（Bate, 1888）

形态特征：体长 50 ～ 60 mm，体色浅红色。额角较短而平直，刀形，末端尖，伸至第 1 触角柄第 2 节基部；上缘具 6 ～ 7 齿（包括胃上刺），有 3 齿位于头胸甲上。胃上刺和额角第 1 齿之间距离与额角基部 2 齿之间距离几乎相等。额角基部侧面较深，约为额角长的 1/4。额角下缘凸，无齿。头胸甲具触角刺、眼后刺、肝刺、鳃甲刺；无眼眶刺、肝上刺和颊刺。颈沟深而长，伸至头胸甲背面中部（但不跨越）；颈脊细而明显。额角侧脊自末端伸至头胸甲前缘。腹部第 3 ～ 6 节背面具纵脊；第 6 腹节纵脊末端和后下角各有 1 小刺。第 3 ～ 5 腹节背脊后缘中央有较深凹刻，尾节稍长于第 6 腹节，约为头胸甲长的 0.6；尾节背面具纵沟，沟的两侧具纵脊，尾节侧缘后部具 1 对固定刺。第 1 对步足伸至第 2 触角柄末节基部；第 3 对步足伸至鳞片末端；第 5 对步足最细长，丝状，掌节超出第 1 触角柄之外。第 1 对和第 2 对步足具尖锐的基节刺和座节刺，基节刺长于座节刺 3 倍；第 1 对步足长节中部下缘有 1 个大刺。第 5 对步足底节内侧有 1 锐刺。5 对步足皆具外肢。

地理分布：分布较为广泛，从西印度洋马达加斯加至美国夏威夷、日本均有分布，水深 180 ～ 500 m 海域。我国分布于南海东部，水深 250 ～ 274 m 海域。

13. 刺尾厚对虾 *Hadropenaeus spinicauda* Liu et Zhong, 1983

形态特征：体中等大小，体长 60 ～ 80 mm，甲壳中等厚。额角平直，仅伸至眼末，长约为高的 4 倍。上缘 7 齿，基部 4 齿位于头胸甲上，第 1、2 齿与第 2、3 齿间距约相等；下缘显凹，无齿。额角后脊止于头胸甲 2/3 处。眼后刺在触角刺后上方，鳃甲在胸甲前缘稍后处，肝刺最大。腹部第 3 ～ 6 节背面具中央纵脊，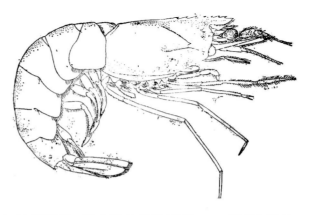背脊很高而锐，两侧各具 4 根活动细刺，接近背缘。尾节约为头胸甲长 1/2，背面有纵沟，沟两侧为脊，侧缘后部有一不动刺，基部自两侧缘中部向后至背面中央沟两侧缘纵脊有一列细活动刺（约 15 个）。第 1 对步足伸至第 2 触角柄腕中部。

第 5 对步足显著细长，指节和掌节全部超出第 1 触角柄末。第 1 对步足具基节刺和座节刺，长节中部下缘有 1 尖刺。第 2 对步足具座节刺。5 对步足皆具外肢。

本种最显著特征为第 6 腹节背脊高而锐，其两则各具 4 根活动刺，尾节自基部两侧向后至背脊中部有一列细小活动刺，中央纵沟前半部也有小活动刺几根。

地理分布：迄今仅发现于我国南海北部广东、海南陆架边缘，水深 120 ～ 250 m 和中沙群岛海域有分布。

14. 刀额拟海虾 *Haliporoides sibogae*（**De Man, 1907**）

别名：东方拟海虾。

形态特征：为大型海虾，最大体长 152 mm，体质量为 34 g，通常体长 70 ～ 100 mm。体色呈浅粉红色。尾肢外肢为红色，末端有白色斑点。额角微呈弧形，平直向前伸，末端稍锐，微下弯伸至第 1 触额柄第 2 节中部，上缘 7 ～ 9 齿（包括胃上刺），仅有 2 齿位于背胸甲上。胃上刺与额角第 1 齿之间的距离约等于额后两齿间距的 2 倍或小于 2 倍。

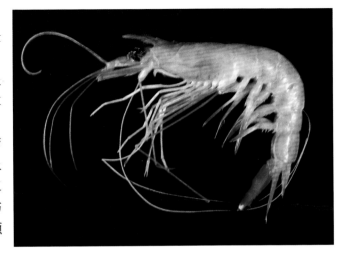

额角下缘微凹，着生一列较长羽状毛，亚末端有 1 ～ 2 个小齿。额角侧脊和沟明显，伸至头胸甲前缘。额角脊很短，不明显。肝脊和肝沟显著。颈沟深伸至头胸甲背面中部，但不跨越背中线。腹部自第 4 ～ 6 节背面具背脊，每节背脊之末各有一小刺。尾节与第 6 腹节几乎等长，约为头胸甲的 1/2，尾节背面具两条纵脊，脊间具纵沟。

尾节侧缘亚末端具 1 对固定刺。尾节外肢侧缘具 1 个亚末端刺。第 5 对步足特别细长，腕节超出额角末端；第 1 对步足最短，伸至第 1 触角柄第 1 节末；第 3 对步足整个钳超出鳞片末端。5 对步足皆无基节刺、座节刺和外肢。第 4 ～ 5 对步足底节内缘各有一突起，该突起在雄性第 5 对步足特别发达，呈片状。

生态和生物学：栖息于 100 ～ 1460 m 水深之沙底质海域，通常 350 ～ 600 m 为多。刀额拟海虾属大型深水海虾。是 3 月、7 月、10 月渔获的虾，平均体长较小，有幼虾和成虾两个世代。3 月、8 月和 9 月渔获的虾较大，均为成虾。以雌虾为例，4 月雌虾体长范围 75 ～ 120 mm，占 64%，9 月雌虾体长范围为 105 ～ 150 mm，平均体长 127.7 mm，体质量为 23.93 g，从 4—9 月，体长平均增长 26 mm，体质量增长 9 g。根据体长月变化，4 月、7 月和 10 月均有未成熟的小虾出现，表明刀额拟海虾产卵期较长，可能在 2—8 月均有小虾孵化。在渔获物中，全年平均雌虾占优势，为 55.4%，其中以

8 月最高，占 71.1%，最低者 3 月，占 42.0%。

渔业：日本内海、澳大利亚及新西兰都视此虾为经济价值种类。我国台湾东北部和西南部 200 ～ 250 m 水深海区可由虾拖网船捕获，产量不高，但具有渔业生产潜力。

地理分布：分布于我国东海西部、台湾、南海北部陆坡。水深 210 ～ 790 m 海域。

15. 弯角膜对虾 *Hymenopenaeus aequalis* Bate, 1888

形态特征：体长 46 ～ 77 mm，体呈深红色至粉红色，甲壳表面光滑。额角基部稍向上扬，与头胸甲背面略呈 10° 角，至中部平而微向前下方弯，末端尖，伸至第 1 触角柄的第 2 节中部，上缘具 6 ～ 7 + 2 齿（胸甲背面胃区 2 刺），位于头胸甲背面的胃上刺和额角第 1 齿与其余额角齿相距较远。额角 1、2、3 齿间距离大略相等。额角下缘内凹呈弧形，无齿，具一列软毛。头

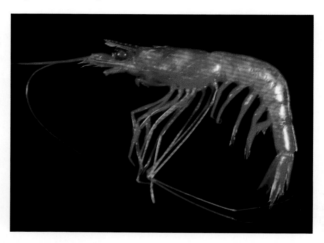

胸甲额角后脊伸至颈沟上端稍后方。颈脊和亚缘脊细而明显。触角刺显著小于眼后刺，鳃甲刺位于头胸甲前缘稍后方。腹部第 4 ～ 6 节背面具纵脊，第 6 节纵脊末端和后侧角具 1 小刺。尾节微长于第 6 腹节，约为头胸甲的 0.6，亚末端具 1 对固定刺。第 4 ～ 5 对步足细长，第 5 对步足腕节全部超出第 1 触角柄或第 2 触角鳞片末端。5 对步足皆具很小外肢。第 1 对步足具座节刺，但无基节刺。步足之长度依次往后增长，以第 5 对步足最长，为头胸甲的 3 倍。

地理分布：为印度－西太平洋广布种，印度洋自印度、阿拉伯海至东非，斯里兰卡，印度尼西亚至菲律宾和婆罗洲，日本太平洋沿岸，栖息水深 200 ～ 1 362 m，150 m 上下可能有分布。我国分布于南海大陆坡水深 320 ～ 500 m 海域，以及台湾附近水深 310 ～ 590 m 海域。在台湾有时产量很大，多为当地渔民用作鱼虾养殖的天然饲料。

16. 圆突膜对虾 *Hymenopenaeus propinquus*（De Man, 1907）

形态特征：体长 68 ～ 82 mm，新鲜时浅红色。额角直，显著地向上前方扬起，末端尖长，伸至第 1 触角柄中节上方；上缘具 4 ～ 6 + 1 齿，头胸甲上 2 齿（第 1 齿和胃上刺），与其余齿相距较远；下缘直，基部微凸。额角后脊至颈沟上端稍后方消失；额角侧脊自眼眶缘伸向额角末端。头胸甲肝刺及眼后刺较大，前者稍高于触角刺，后者稍低于触角刺；颊角圆形。腹部自第 3 节中部起至第 6 节具背脊，第 6 节脊末端为小刺。尾节末端尖，长于第 6 腹节，短于尾肢，末端尖，侧缘末部具一对固定刺。第 3 对步足腕节末端稍超出第 2 触角鳞片。仅第 1 对步足具座节刺，其余步足无刺。5 对步

足皆具外肢。

　　地理分布： 分布于印度洋西部北起亚丁湾，南至马达加斯加岛北部广阔海域（包括马尔代夫、桑给巴尔），印度尼西亚巴厘岛至我国南海北部大陆坡，水深 400 ~ 1 200 m 海域。我国分布于南海北部大陆坡水深 100 ~ 600 m 海域。

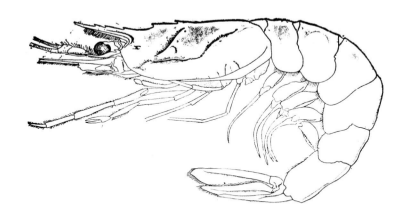

17. 中国粗对虾 *Cryptopenaeus sinensis*（Liu et Zhong, 1983）

　　形态特征： 体肥大，粗壮，甲壳坚厚。生活时呈红色，腹部及腹肢鲜红，头胸甲中部附肢鲜红色。额角短，长度约为头胸甲的 1/5，刀形，约伸至眼末而不至第 1 触角柄第 1 节末端；上缘共 7 齿，其中基部 4 齿在闭幕胸甲上，第 1 齿与第 2 齿间距离稍大于第 2 ~ 3 齿间距离，第 1 齿位于颈沟上端稍前方。第 2 ~ 4 齿处稍高于其余各齿，末齿处最低，其前方微上扬；额角后脊显

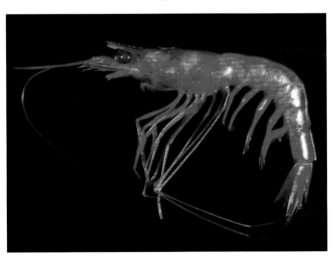

著，向后至头胸甲后缘附近。头胸甲具有发达的眼后刺，位于触角刺后上方附近；触角刺很小；颊刺和肝刺稍大；眼眶缘圆，不形成角，无刺。腹第 2 ~ 6 节具显著突出的中央背脊；第 2 节背脊在其后部 2/3 处，第 6 节高而短，背脊末为一小刺；尾节细长末端钝尖，背面前部有浅纵沟；侧缘后近末缘处有一对固定刺，无活动刺。尾肢外肢较宽，外缘末端形成钝角；但无尖刺。

　　地理分布： 分布于澳大利亚西北部水深 320 ~ 335 m 海域。我国分布于南海北部深水、广东粤东外海水深 180 ~ 261 m 海域。

十足目 DECAPODA

枝鳃亚目 DENDROBRANCHIATA

18. 中华管鞭虾 *Solenocera crassicornis*（H. Milne-Edwards, 1837）

别名： 粗角管鞭虾、大头虾、葱头虾、赤虾。

形态特征： 体表为不透明之浅橘红色，各腹节后缘有较深的红色横带。尾节后半部红色，甲壳薄而光滑。最大体长 140 mm。额角短，末端伸至眼末，上缘具 8 ～ 10 齿（包括胃上刺），有 3 ～ 4 齿位于头胸甲上，末 2 齿间距离约为末第 2 ～ 3 齿间距的 1.7 倍；额角下缘无齿。

额角后脊很低（上无中央沟），伸至头胸甲后缘。眼眶角形成很小的尖刺，触角刺、眼后刺等大，肝刺略小。腹部第 1 ～ 6 节背面具纵脊，前 3 节纵脊较低，后 3 节高而锐。第 6 节纵脊末端和两侧后下角各具 1 小刺。第 6 腹节最大，高度为长度的 3/4。尾节长约为第 6 腹节长的 1.3 倍，侧缘一般无刺，在幼小个体中，可见到很小的固定刺。第 5 对步足细长，腕节超出第 1 触角柄末端；第 3 对步足腕节 1/2 超出第 1 触角柄末；第 1 对步足很短，仅伸至第 2 触角柄末；第 2 对和第 4 对步足几乎齐长，伸直时与第 1 触角柄末相齐。第 1 对步足有基节刺和座节刺；第 2 对步足仅具基节刺。

生态和生物学： 中华管鞭虾喜栖息于泥质或泥沙质的浅水海区，而砂泥质的环境分布较少。其栖息深度和对温、盐度的范围较广，冬季向沿岸浅水区移动，近海区较密集，渔获量较高，12 月以后，向外海移动，虾群分散，渔获量低。主要分布水层为 30 ～ 40 m 和 50 ～ 60 m。中华管鞭虾食性较广，除摄食底栖生物以外，有时也摄食少量底层的游泳动物和浮游生物。

渔业： 中华管鞭虾是南海沿岸近海重要的经济虾种类，唯其体形小，最大渔获体长 95 mm，一般渔获体长 40 ～ 90 mm，且肉质不佳，多作为加工用。海南岛的东部和西部沿海产量较高。1 月至翌年 5 月渔获较高，尤其是在 2—3 月渔获产量最高。汛期较长。主要虾场分布在南海北部广东和海南岛沿海。

地理分布： 分布于印度、巴基斯坦、马来西亚、阿拉伯海、日本。中国的黄海南部、东海至广东、海南沿海及广西北部湾的浅海均有分布。分布水深范围 10 ～ 100 m 泥质底海域。

19. 凹管鞭虾 *Solenocera koelbeli* De Man, 1911

别名： 凹陷管鞭虾、大头虾、赤虾。

形态特征： 体表淡红色至粉红色。第 1 触角鞭末端有时带白色。各腹节后缘有时呈红色。尾扇后半部红色。甲壳表面光滑。体长一般 30 ～ 150 mm。额角较短，伸不到眼末（第 1 触角柄第 1 节末端），末端尖，上缘 6 ～ 8 齿（不包括胃上刺），有 3 ～ 5

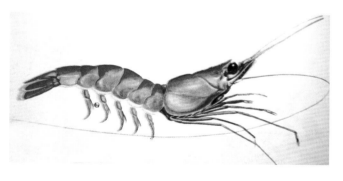

齿位于头胸甲上；胃上刺与第 1 齿间距离约为第 1 ~ 2 齿间距离的 1.5 倍。额角后脊很高而锐，呈片状隆起，伸至头胸甲后缘脊的后部，较前部隆起更高，脊上有浅沟。颈沟上端跨越额角后脊，形成小缺刻。头胸甲触角刺比眼眶刺大，但比眼后刺小；肝刺与触角刺大小略等。腹部第 3 ~ 6 节背面具纵脊。第 6 节纵脊末端和两侧后下角各有 1 小刺。尾节近末端有 1 对固定刺。步足以第 5 对最长，其腕节 2/3 超出第 1 触角柄末；第 1 对步足伸至第 1 触角柄第 2 节中部；第 3 对步足腕节 1/2 超出第 1 触角柄末端；第 1 对步足具基节刺和座节刺。第 2 对步足具基节刺。第 5 对步足的底节有 1 刺状突起。5 对步足皆具外肢。

生态和生物学：为广东沿海、海南岛和北部湾海区常见种，但产量不大。分布水深 21 ~ 210 m，以 60 ~ 90 m 水深范围较密集，周年均有出现，渔获以 12 月产量最高。从渔获体长分析，在珠江口中海捕获的个体较大，无幼虾，是成虾分布区。而在珠江口外所获的个体体长较小，成熟的很少，是幼虾群体分布区。粤东、粤西、海南岛东部 3 个海区渔获体长范围较广，为 30 ~ 150 mm，多数为 50 ~ 100 mm，幼虾、成虾均有分布。在台湾沿海也有渔获，多混于其他管鞭虾渔获中，产量颇大，亦具经济价值。

地理分布：印度 − 西太平洋海区广布种。由日本经韩国、至印度尼西亚诸岛、马来西亚等为常见种。我国分布于台湾、广东、广西、海南、福建和浙江沿海。

20. 高脊管鞭虾 *Solenocera alticarinata* Kubo, 1949

别名：隆脊管鞭虾、大头虾、红虾、葱头虾、赤虾。

形态特征：雄虾、雌虾最大体长分别为 90 mm 和 110 mm；通常 70 ~ 90 mm。体表为淡红色至粉红色。额角、额角后背、腹节之背侧中央脊为深红色。第 1 触角鞭前部具有雪白色横带。胸足淡粉红色，腹肢侧部白色。尾扇有黄色斑纹，末端黄色。体表除额角两侧密生短毛外，其余表面光滑。额角平直，较短，顶端尖，稍超过第 1 触角柄第 1 节

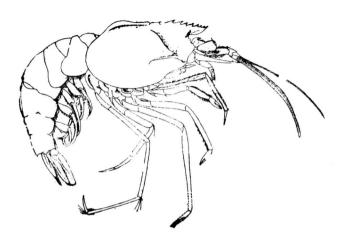

中部，约为头胸甲长的 1/5，上缘 7 ~ 8 齿（包括胃上刺），有 5 齿在头胸甲上，胃上刺与第 1 齿间距离约为第 1 ~ 2 齿间距离的 1.3 倍；下缘凸，无齿。额角后脊突出甚高而锐，呈片状，伸至头胸甲后缘，末端突然变低。额脊在胃上刺后方有 1 缺刻，恰在颈沟的上方，缺刻以后的部分，脊前部平直，中部很高，后部变低。触角刺较小，与眼眶刺约等大。肝刺比触角刺大。眼后刺最大，为肝刺的 2 倍。颈沟宽而深，颈沟上端不到额后脊的缺刻。腹部第 3 节背面中部至第 6 节具纵脊。第 6 节背面末端和该节两侧后下角各有 1 小刺。尾节具 1 固定刺。第 1 对步足最短，仅伸至第 1 触角柄第 1 节末端。第 3 对步足腕节 1/2 超出第 1 触角柄第 1 节末端。第 5 对步足整个腕节（雄）或腕节 2/3（雌）超出第 1 触角柄末端。第 1 对步足具基节刺和座节刺；第 2 对步足仅具基节刺，无座节刺。

地理分布：分布于印度 – 西太平洋，是日本和中国东南沿海的地方种。印度、巴基斯坦、马来西亚至澳大利亚均有分布。我国主要分布于广东粤东、粤西、北部湾、海南岛东部和珠江口外海，以珠江口外海较为密集。台湾省沿海和浙江外海水深 50 ~ 110 m 也有分布。

渔业：在台湾北部和西南部近海渔获产量丰富，除鲜虾出售外，还可加工用。但此类虾的头胸甲比例大，价格较低。

21. 短足管鞭虾 *Solenocera comatta* Stebbing, 1915

形态特征：头胸甲表面有许多小凹点，点上有小毛。额角短，侧面观较深，末端尖，微上弯，几乎伸至眼的中部，约为头胸甲长的 1/5，上缘具 5 ~ 6 齿（包括胃上刺），有 2 齿在头胸甲上，额角末端 1/3 无齿。胃上刺与第

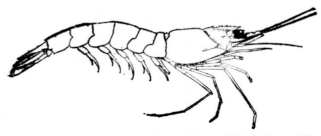

1 齿间距离大于第 1 ~ 3 齿间距离。下缘较凸，呈弧形。额角后脊止于颈沟上端。头胸甲上具有胃上刺、触角刺、肝刺、颊刺和眼后刺，颊刺小，眼后刺最大。腹部第 3 ~ 6 节背面具纵脊，第 6 节纵脊末端有 1 锐刺。尾节与第 6 节几乎等长，尾节近末端有 1 对固定刺。第 1 对步足伸至第 1 触角柄末端。第 3 对步足腕节 1/3 超出第 1 触角柄末端。第 1 对步足具基节刺和座节刺，第 2 对步足具基节刺。

地理分布：印度 – 西太平洋常见种，日本、中国（东海、南海）、东非、马达加斯加均有分布。我国分布于台湾、南海北部外陆架水深约 90 m 处。

22. 尖管鞭虾 *Solenocera faxoni* De Man, 1911

别名：细小管鞭虾。

形态特征：最大体长 60 mm，通常 40 ~ 50 mm。身体呈淡粉红色，甲壳略为透明，

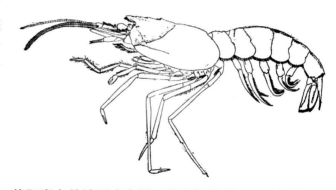

管鞭也略为透明。第 1 ~ 5 腹节之侧板均有近圆形之粉绿色斑点。腹肢粉绿色。额角较短，伸至眼角膜中部，约为头胸甲长的 1/5。上缘具 7 齿（包括胃上刺），有 4 齿位于头胸甲上。下缘微凸。额角后脊较短，伸至颈沟。颈脊较锐。颈沟宽且深，跨越头胸甲背中线。肝沟深，后端直，前部斜向颊角附近，然后折向后下方，使肝脊在前端形成尖锐，称为鳃甲刺。眼后刺较大，触角刺和肝刺稍小。颊角弧形。腹部 1 ~ 2 节背面光滑，3 ~ 6 节具纵脊，第 6 节纵脊末和后下侧角具 1 小刺。尾节几乎与尾肢内肢齐长，末端尖；尾节后部侧缘具 1 对固定刺。第 1 对步足伸至第 2 触角柄末端。第 2 对步足伸至第 2 触角鳞片的末端。第 4 对步足指节大部分超出第 1 触角柄末端。5 对步足皆具外肢。

本种管鞭虾体表不带有红色的斑纹，很容易与其他管鞭虾分辨出。

地理分布：分布于日本和我国台湾、广东、海南外海陆坡水深 248 ~ 259 m 海域。

23. 大管鞭虾 *Solenocera melantho* De Man，1907

别名：忧郁管鞭虾、大头虾、红中虾、葱头虾、赤虾。

形态特征：体表为淡红色，甲壳半透明。各腹节有较深色之杂乱斑纹。第 1 触角鞭红色，有时淡黄或白色斑纹。胸足、腹肢基肢侧面白色或淡黄色。尾扇后半部红色，且参杂有黄色斑纹。最大体长 150 mm，通常 70 ~ 120 mm。额角短，未达第

1 触角柄之第 1 节末端，上缘具 8 ~ 9 齿，其中 1 齿位于眼窝边缘上，第 3 齿位于头胸甲上，下缘直且无额齿，形似剃刀。头胸甲有触角刺、眼后刺、肝刺；颈沟、肝沟较深，肝沟前上端呈半圆形的深凹；心鳃沟较浅。额角后脊明显，延伸至头胸甲后缘。第 1 触角鞭约为头胸甲的 1.3 倍；第 2 触角鳞片超过第 1 触角柄。各对步足均有外肢和肢鳃。腹部背缘从第 3 节后半部开始至第 6 节均有明显纵脊。尾节背面具有 1 条中央沟，尾节侧缘近末端 1/5 处有 1 对不动刺。

地理分布：分布于日本、韩国沿海。我国分布于浙江、台湾沿岸 60 m 左右底质为砂质软泥海区以及南海北部外陆架。

渔业：栖息于 50～250 m 水深海域，分布较其他管鞭虾深。在台湾和浙江沿海，渔获量颇大，4—6月为盛渔期，新鲜渔获很受欢迎，作为食用，价格较其他管鞭虾高，有些体形也较大。

24. 栉管鞭虾 *Solenocera pectinata*（Bate, 1888）

别名：梳齿管鞭虾、红虾。

形态特征：为具有小型带发光器的管鞭虾。最大体长 75 mm，通常 40～60 mm。体表面光滑，无毛。体表呈淡红色至粉红色，甲壳透明。管鞭末端白色或透明。头胸甲下方红色，胸足有红斑。第 2～5 腹节则有"V"形红斑。第 1～6 腹节后缘、尾节侧缘和尾肢后半部红色。腹

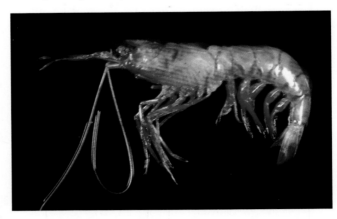

肢淡黄色且有红点。发光器血红色，且有金色反射。额较短而平直。额角只达眼球中部，上缘具 6～7 齿，其中 3～4 齿位于头胸甲上，下缘呈弧形，无齿。额角后脊很弱，仅伸至头胸甲中部。眼球可达第 1 触角柄的第 1 节末端。眼后刺稍大于触角刺和肝刺；颈沟宽而深，肝沟很明显；眼后刺和肝刺之间有 1 条较宽短而浅的竖沟。腹节第 3 节中部背面至第 6 节具背脊。第 6 节背脊末端和该角后下角各有 1 小刺，前者大于后者。头胸甲下方和腹板有发光器。尾柄侧缘有 1 对不活动刺。第 1 对步足约伸至第 1 触角柄第 2 节中部；第 3 对步足腕节 1/2 超出第 1 触角鳞片末端；第 5 对步足整个或 3/4 超出第 1 触角柄末端。仅第 1 对步足具节刺和座节刺。

地理分布：印度－西太平洋热带海区广泛分布种类。印度洋非洲东岸、马来西亚、印度尼西亚、阿拉伯海和日本等也有分布。我国南海和东海西部分布极为广泛，浙江、福建、广东、广西、北部湾和海南均有分布。分布区水深 24～130 m。栖息于软泥、碎珊瑚和砂质海域。

25. 拟栉管鞭虾 *Solenocera pectinulata* Kubo, 1949

形态特征：大小和形态与栉管鞭虾极为近似。额角短，平直前伸（不下斜）至第 1 触角柄基节的 2/5；上缘 5～7＋1 齿，一般有 3 齿在头胸甲额缘以后，胃上刺在头胸甲 1/4 处。颈沟深型，向后方斜伸至额后脊，但不跨越；肝沟自肝刺下方向后水平延伸至颈沟上端水平。第 2 触角原肢基节腹面的发光器稍稍突出，突出很清楚，但无长柄，与栉管鞭虾较易区别。第 3 对步足腕节 1/4～1/3 超出第 2 触角鳞片末端。第 5 对步足掌节 3/4 或合部超出第 2 触角鳞片（雌），雄者指节 1/2 超出鳞片末缘。

地理分布：非洲东岸（肯尼亚、毛里求斯、马达加斯加）、印度、中国和日本为常见种。南海北部外陆架水域也有分布。

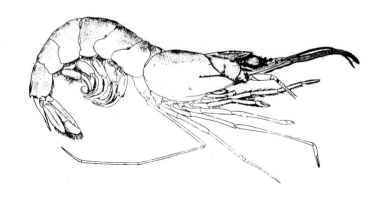

26. 多突管鞭虾 *Solenocera rathbunae* Ramadan, 1938

形态特征：体长 25 ～ 26 mm。甲壳薄，表面光滑。额角较短直，稍向下斜伸，不到眼角膜前缘，约至第 1 触角柄节中部，末端尖，上缘具 6 ～ 7 + 1 齿（包括胃上刺），3 ～ 4 齿位于头胸甲上，胃上刺位于头痛胸甲前部 1/4 处。额角后脊伸至颈沟上端前方。头胸甲具眼后刺、肝刺、触角刺；眼眶角明显但不呈刺形。颈沟深，跨越头痛胸甲背部。肝沟发达，后部平直，止于颈沟上端的下方。腹部背面自第 2 节前部 1/3 处起至第 6 节均具纵脊，第 6 纵脊末和后下侧角具 1 锐刺。尾节末端尖，不到尾肢内肢末端，颈为头胸甲长的 0.6，亚末端有 1 对背侧刺。第 1 对步足伸至第 2 触角柄腕末端（雄）或仅达基部（雌）。第 5 对步足细长，掌节 4/5 或合部超出第 1 触角柄末端。仅第 1 对步足具发达的座节刺和基节刺。

地理分布：分布于印度洋、桑给巴尔、马达加斯加、夏威夷群岛。我国主要分布于广东的粤东、粤西、珠江口和海南岛东部，水深 28 ～ 128 m 南海陆架浅水域。

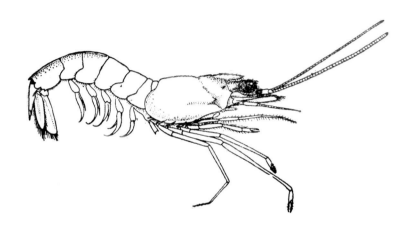

▉ 对虾科 PENAEIDAE Rafinesqus, 1815

27. 长眼对虾 *Miyadiella podophihalmus*（Stimpson, 1860）

形态特征：体形很小，一般体长 23～28 mm。甲壳表面光滑。额角平直，末端尖，伸至眼柄中部或第 1 触角柄第 1 节末端附近。额角长度约为头胸甲长的 1/4、上缘具 6～8 齿（包括胃上刺），向末端渐变小，有 3 齿位头胸甲上，后 2 齿之间距离与末第 2 齿至额角前端第 1 齿间距

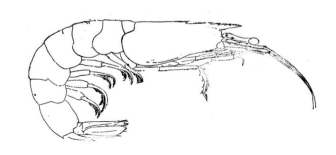

离几相等。额角下缘较直无齿。额角后脊伸达头胸甲中部稍后方。胃上刺位于头胸甲中央稍前方。胃上刺及后部几个额齿上缘各有几个微小活刺，具眼上刺、触角刺和肝刺。肝刺大于触角刺。肝沟与颈沟较深，眼后触角沟较浅。腹节第 2 节以后各节背面具纵脊，第 6 节纵脊末端有一小刺。腹节表面和下缘光滑无毛。尾节稍长于头胸甲的 1/2，背面具纵沟。尾节二侧近末端稍膨大，侧近末端有稍长的刚毛。眼柄特别细长，角膜末端达至第 1 触角柄的第二节中部。第 1 对步足较短。第 3 对步足最长，第 2 对步足的螯全部超出第一触角柄末端。第 1～2 对步足具基节刺和座节刺。第 3 对步足具基节刺，第 1～5 对步足具外肢。

地理分布：分布于日本和我国浙江沿海至南海。分布水深为 10～35 m 软泥底。

28. 斑节对虾 *Penaeus monodon* Fabricius, 1798

别名：草虾、花虾、角虾、大虾、虎虾、鬼虾、斑纹虾。

形态特征：斑节对虾体表光滑，壳稍厚。体色随着个体大小、栖息环境、饵料等因素之不同而有所差异。一般捕天然海域者体色较为鲜艳，呈红褐或浅褐色，也有背部有一赤褐色纵带者。体背上通常有 9 条白色横带明显易见，其分布位置如下：3 条位于头胸甲上，第 2～6 腹节各有 1

条（通常第 1 腹上也有一白色之部，但不呈带状），尾部 1 条。至于鱼塭和池塘养成者其体色略呈暗青或深草绿色，而且上述白色带亦不明显。步足和游泳足则具有鲜艳

之黄、蓝相间颜色。本种未长成成虾前,其第 2 触角鞭之颜色深浅相间,长成暂趋模糊而告消失。斑节对虾体色由暗绿、深棕和浅黄色横斑相间排列,构成腹部鲜艳斑纹,故称"花虾";幼虾期喜栖息于河口之水草及海藻丛间,因此,又称"草虾"。腹部游泳足浅蓝色,其缘毛桃红色。第 2 ~ 3 颚足外肢刚毛桃红色。额角较平直,末部较粗,稍向上弯,伸至第 1 触角柄末端,上缘具 7 ~ 8 齿(一般为 7 齿),胃上刺与第 1 齿距离较大,约为第 2 ~ 3 齿距离的 2 倍;下缘 2 ~ 3 齿(一般为 3 齿);但也有上缘 5 或 9 齿,下缘 1 齿之例者,以 7/3 齿者较多。额角后脊伸至头胸甲后缘附近。额角侧脊较低而钝,伸至胃上刺下方。头胸甲具眼眶触角沟、颈沟。额角侧沟较深,伸至胃上刺下方。额角后脊中央沟明显,但较浅而窄,断续后伸。头胸甲具触角刺、肝刺、胃上刺。眼眶角圆形。腹部第 4 节中部至第 6 节背面中央具纵脊。尾节稍长于第 6 节,末端尖,无侧缘刺。第 1 对步足伸至或稍超出第 2 触角柄腕末端。第 3 对步足最长,伸至第 1 触角柄末端,或以指节超出之。第 5 对步足伸至第 2 触角柄第 1 节中部。第 1 对步足有基节刺和座节刺,第 2 对步足仅有基节刺。第 1 ~ 4 对步足具外肢,第 5 对步足无外肢。尾节两侧皆无小刺,其上之中央沟浅而不明显。

斑节对虾和短沟对虾体色和形状比较相似。主要区别是:本种虾的体背之横带较短沟对虾明显;第 2 触角鞭成虾则无相间之斑纹,而后者为红白相间;以体色而言,此为二者重要区分之一。本种肝脊较粗而钝,平直伸,而后者较细而锐,稍向下前方斜伸(约 20° 角);本种第 5 对步足无外肢,而后者具外肢;本种第 1 触角鞭较长,约为头胸甲长的 2/3,而后者较短,约为头胸甲长的 1/3。

生态和生物学:斑节对虾成体喜栖息于泥质或泥沙质的海底,白天一般静伏海底或潜于泥沙内不动,傍晚开始活动。斑节对虾分布水深为 60 m 以浅海区,以水深 20 ~ 40 m 的海区渔获最高。每年 7—9 月,雨量充沛,河水大量流入,海水为之混浊时,于各河川入海口处,水深 20 m 内之处捕获量最高。斑节对虾的仔虾,在沿岸浅水区生活,喜大量地群集于水生杂草中间或附着杂草上。本种对盐度适应范围较广为 10 ~ 35。对水温的适应范围为 14 ~ 32℃。以底温 22 ~ 25℃、底盐为 20 ~ 34 范围内渔获量较高。斑节对虾为广盐性种,对盐度变化耐力较大,能够在 11 ~ 33 的盐度范围内正常生活。生长的适宜水温为 27 ~ 29℃。然而逐渐降低温度到 17℃ 时,也能继续保持活力,摄食和生长都良好。对离水抗耐力也很强,可以长时间暴露在空气中而不致死亡,具备了活虾出口的有利条件。斑节对虾的食性较广,不但摄取动物性食物,也摄取植物性食物,为杂食性虾种类,摄取动物性种类有双壳类、单壳类、长尾类、短尾类、轮虫、幼鱼;植物性食物有圆筛硅藻类等。

斑节对虾是对虾属中个体最大的一种,最大个体可达 350 mm,体质量为 500 g,成熟个体平均体长一般可达 300 ~ 350 mm,平均体质量为 350 ~ 400 g。雌虾比雄虾大。斑节对虾生长很快,虾苗 1 个月体长可增长到 45 mm,体质量可达 0.8 g,半年可达 160 ~ 170 mm,体质量可达 50 ~ 70 g,一年体长可达 240 mm,体质量达 100 g 左右,估计 15 ~ 16 个月龄虾体长可达 330 mm 左右,体质量约 500 g。斑节对虾的生命周期一般为 1 ~ 2 年,个别可活更长时间。

十足目 DECAPODA

枝鳃亚目 DENDROBRANCHIATA

斑节对虾繁殖期较长，其生殖季节为 3—11 月，但以 7—9 月为盛期，有春苗及秋苗之分，春苗当年就养成出售；至于秋苗大半供越冬之用。但是不同分布区的亲虾，其繁殖期的先后并不完全一致，台湾沿岸的繁殖旺季是 7—11 月；海南岛沿岸是 8—12 月；而菲律宾沿岸是 11 月至翌年 1 月。在繁殖期内亲虾的数量比较集中，因此经常在沿岸浅水区形成渔场，这一时期是捕捞对虾的最好时机。海南岛的万宁、陵水、三亚、乐东、东方市沿岸，每年 9 月至翌年 3 月为盛渔期，其中以陵水县赤岭湾渔场产量最高，是渔获的优势种。捕获到的斑节对虾体长一般 300 ~ 350 mm，体质量平均 350 ~ 400 g，最大纪录 448 g。成熟期的个体，在较深水海区生活，到繁殖时又回浅水海区，产卵以后又重新回到深水海区。但雄虾一般不跟随产卵雌虾到沿岸海区。成熟的雌虾卵巢为深绿色，质量约为体质量的 15%。怀卵量的多少与虾的个体大小有关，个体越大，怀卵量越多，一般个体怀卵量 30 万 ~ 120 万粒。亲虾产卵都在下午 7 时至翌日黎明 4 时。斑节对虾性成熟最小体长为 140 mm，性成熟的体长范围为 140 ~ 350 mm。受精卵的直径 0.24 ~ 0.32 mm，浅绿色，相当密度略大于海水，在水温 27 ~ 29℃，盐度 29 时，从受精卵至孵化出无节幼体约需 20 h，但盐度下降时，幼体孵化时间就会延长。

斑节对虾幼体都在近岸浅水区生活，是浮游性的，但是在不同发育阶段的幼体生活的水层不同：无节幼体停留在海底附近；溞状幼体生活在海面附近；糠虾幼体则在水体的中层活动。自溞状幼体开始，个体逐渐向海岸移动，仔虾期到达河口或者随潮进入河口内部在低盐、泥底、植物性饵料丰富的地方觅食生长。仔虾喜欢大量集中于水生杂草中间或附着于杂草和红树林根部上。仔虾的个体生长到体长 25 mm 以后便开始脱离河口，转向沿岸浅水区生活。海南省东部和广东粤西沿岸的斑节对虾每年的 6—9 月和 12 月至翌年 1 月均有幼虾出现，在 6—7 月和 9 月中旬仅有幼虾而无个体较大的中虾和大虾。

斑节对虾产卵一年有两次，一为 2—4 月；一为 8—12 月，产卵时间长达 7 个月。2—4 月和 8—11 月均有性成熟个体出现，2、3、4 月性成熟个体比例分别占 25%、20% 和 16%，8 月占 62%，9—11 月分别占 36% ~ 32%，其他月份性成熟均处于 Ⅰ ~ Ⅲ 期。12 月至翌年 3 月海南岛东部海区，特别是清澜港内，有大批幼苗出现。6—9 月和 12 月至翌年 1 月均有幼虾出现。所以，海南岛东部海区一年有两个产卵期，即 2—4 月和 8—11 月，而主要产卵期为 8—11 月。

经济意义：斑节对虾个体大，肉味鲜美，耐活力强，具备出售鲜活虾的条件，经济价值高。另外此虾食性广，为杂食性虾类，不但食动物性饵料，而且也可食植物性饵料，是良好的水产养殖对象。目前已在我国东部、南部沿海和东南亚国家作为良种广泛养殖。

地理分布：分布于非洲南部和东岸，印度、巴基斯坦、斯里兰卡、马来斯亚、泰国、澳大利亚北部、日本。中国的浙江、福建、台湾、广东、广西、海南均有分布，而海南岛的东部、南部、西南部以及琼州海峡是我国斑节对虾主要产区。

29. 短沟对虾 *Penaeus semisulcatus* De Haan, 1850

别名： 赤脚虾、花虾、凤尾虾、丰虾、墨节虾、竹节虾、熊虾、青筋虾、花脚虾、海草虾、竹虾、红脚仔。

形态特征： 本种形态与草虾十分相似，体表是褐色及红褐色。最大体长 230 mm，最大体质量 136.4 g。通常 130 ～ 180 mm。体面光滑甲壳薄，腹

部由浅绿、浅土黄、暗棕色环带相间排列构成鲜艳的斑纹。第 2 ～ 3 颚足外肢刚毛红色。5 对步足紫色和土黄色环节。

腹肢紫红色、绿毛红色、原肢前面白色。尾肢后半部为红色及黑褐色。第 1 触角鞭黑白相间。额角基部下倾，中部稍隆起，末端尖细，微微上弯，伸到第 1 触角柄末端（雄）或柄的第 2 节末端，上缘基部 4/5 具 6 ～ 8 齿，4 齿在头胸甲上，各齿间距较均匀，末端尖细部分无齿，下缘 2 ～ 4 齿，（不过亦有具上缘 5 齿，下缘 0 齿及上缘 7 齿下缘 4 齿者）额角后脊伸到头胸甲近后缘。第一触角鞭之上鞭较下鞭稍长。额角侧脊高而锐，伸至胃上刺稍后方消失。头胸甲具眼眶触角沟、颈沟。额角侧沟相当深，伸到胃上刺稍后方。头胸甲具触角刺、肝刺、胃上刺。无眼眶刺和颊刺。腹部第 4 ～ 6 节背面中央具纵脊。尾节与第 6 节等长，末端尖，无侧刺。第 3 对步足伸至第 2 触角鳞片末端；第 1、4、5 对步足约伸至（雌）或超出（雄）第 2 触角柄末端。第 1 对步足具基节刺和座节刺，第 5 对步足仅具基节刺。5 对步足皆具较小的外肢。

交尾后之雌虾其交接器缝内（纳精囊）夹有一片状坚硬之黑物，此即为交尾栓根部之硬物。

生态和生物学： 短沟对虾在水深 10 ～ 50 m 近岸浅海区均有分布。主要在 50 m 或更深的海区。在这范围内，其平均渔获量随着水深加大而增加。短沟对虾对底质的选择不明显，一般为泥沙底，其次为泥底。其分布海区底层水温为 17 ～ 29℃，盐度为 28 ～ 35。短沟对虾白日潜伏少动，当风浪大，海水透明时，白天也出来活动。一般夜间活动比较频繁。短沟对虾常与斑节对虾、日本对虾混栖。主要是以底栖生物为食，兼食底层浮游生物及游泳生物。

在虾获物中，每年 6 月便出现短沟对虾幼体，体长范围为 70 ～ 110 mm，以 95 mm 为多数；同时在渔获中仍有大量去年出生的老年虾，体长范围为 175 ～ 200 mm，以 190 mm 为多数。7 月以后新虾数量明显增多，而老年虾数量显著下降。9 月新虾体长范围为 120 ～ 165 mm，其中以 140 ～ 150 mm 者为多，而体长 180 mm 以上的前年虾个体很少。12 月体长分布范围为 150 ～ 180 mm，以 165 ～ 175 mm 者居多，全部都是当年出生的新虾。

短沟对虾性成熟较早，当年春季出生的小虾，到秋季雄虾性腺已成熟，即进行交配，翌年春季雌虾开始产卵。产卵期较长，4—9月均有Ⅳ期以上性成熟个体，其中4、5月出现频率最高，分别为28%和43%。6—7月已出现体长为70～100 mm的幼虾。海南岛沿岸幼虾出现每年有两次，为3—4月和7—8月，据此可推测短沟对虾的产卵盛产期为3—5月，而6—7月仍有部分产卵。短沟对虾雌虾性成熟最小体长为130 mm，体质量32 g。性成熟体长范围为130～220 mm，其中体长150～210 mm的虾为主要产卵群体。4—5月的产卵群体体长一般在160 mm以上。短沟对虾怀卵量60万～120万粒，怀卵量的多少与个体大小有关。

渔业：短沟对虾与日本对虾汛期相似，汛期较长，一般在3—11月。7月前主要是捕捞去年出生的剩余群体，9月以后是捕捞当年出生的新虾。海南岛的东北部沿岸的抱虎角虾场盛产短沟对虾，约占总渔获量的7%。在海南岛沿岸水深10～15 m均可捕获到短沟对虾，尤其是水深20～40 m渔获量较高。在全年虾获物组成中，以2—5月最高，尤其是以5月最高，是全年中的旺汛。其中昌化－白马井之间的海头海区、陵水赤岭等渔获量较高。在陵水赤岭虾场的渔获物中斑节对虾、短沟对虾和日本对虾这3种虾约占总渔获量的50%以上，其中以短沟对虾居多。万宁港北内港虾场的虾汛期为9—10月，此期间短沟对虾（当地群众称"赤脚虾"）占总渔获量的80%～90%，高产时一网可达750 kg。

此虾在巴基斯坦是该国沿海拖网的主要虾种类，且颇有经济价值，以冷冻或罐头外销，亦加工虾粉或虾酱。泰国、新加坡、菲律宾、台湾和日本均颇重视此虾，唯略逊于斑节对虾。台湾和泰国已有养殖，但数量不多。在海南岛本种虾天然成熟亲虾来源充足，不需人工促熟就可产卵孵化育苗，人工繁殖技术已成熟。

地理分布：从南非、东非和苏伊士至日本、澳大利亚、马来西亚、菲律宾等海区均有分布。我国福建、台湾、广东、广西和海南岛沿岸均有分布。在海南岛主要分布在东部和南部海域，西部和北部海岸较少。

附注：短沟对虾可从3个方面来与斑节对虾区别：即额角侧沟和肝脊的形态和第5胸足具有外肢。而体色方面，短沟对虾之胸足与腹肢分布有明显的白色斑纹，而斑节对虾则为黄色及蓝色，没有白色（有时略为透明但不为白色）。幼年期体色不像斑节对虾之深草绿色或褐黑色而稍带红褐色。成虾体色较斑节对虾为浅，体背上之横带亦不如斑节对虾之明显，且横带之分布位置亦稍不同，头胸甲上仅有两条，较斑节对虾缺少近前端之1条，但第1腹节有1条，第2～5腹节与斑节对虾一样各有1条，第6腹节则比斑节对虾多出1条共有两条，合计9条。步脚和游泳足皆呈红色。

30. 日本对虾 *Penaeus*（*Marsupenaeus*）*japonicus* Bate, 1888

别名：花虾、竹节虾、蓝尾虾、斑竹虾、蚕虾、绿脚虾、八节虾。

形态特征：最大体长300 mm，通常150～200 mm。甲壳表面光滑，额角稍向下倾，末端尖细，稍向上弯，与第1触角柄末端相齐或稍短；上缘基部4/5具6～11齿（多数为 9 ~ 10 齿），一端尖细部分无齿，下缘具 1 ~ 2 齿，额角后脊几达头胸甲后缘；具很深的中央沟，自胃上刺起伸至额角后脊末端。额角侧沟深，其后部稍窄于额角后脊的中央沟，中部略宽。额胃脊、眼胃脊、触角脊、颈脊、肝脊显著。额胃沟后端分叉。尾节略长于第 6 节，背面有深的纵沟，末端尖，

两侧有 3 对细小活动刺。第 1 和第 2 对步足仅具基节刺。5 对步足皆具外肢。雌性交接器在第 4 及第 5 对步足基部间的腹甲上，有圆筒形状纳精囊，宽约长的 3/4，纳精囊开口于前端，与本属其他种不同，口内为一空囊，交尾后的雌虾，此开口处插有两叶已角质硬化带黄颜色之花瓣状精荚栓（又称交尾栓），仅留残余根部。体长 70 mm 左右时，雌性交接器已开始形成。

本种体色甚为鲜艳美丽，体表呈淡褐色至黄褐色，上覆深褐色横带及斜纹，头胸甲及腹部各节暗棕色、浅土黄色、橙色环带相间，侧甲带淡蓝色，头胸下缘具斜纹。胸足与腹肢为黄色。步足具细密蓝点。尾肢中部有深棕色横带，末半部蓝绿色，缘毛红色，其次为大片之鲜艳黄色，为日本对虾之特别体色，再次为深褐色和浅黄色。雄性斑纹相同，但体色较青蓝，雌性棕褐色明显。

生态和生物学： 日本对虾栖息水深范围较广，从数米至 100 m 水深的水域均有分布（笔者曾在西沙礁盘海区亦发现过）。但主要栖息水深为 10 ~ 40 m 海区；特别是 10 ~ 20 m 水深海区平均渔获量最大，出现频率为 70.3%；水深 10 ~ 30 m 水域出现频率为 92.1%；大于 30 m 和小于 10 m 水深海域出现频率低。日本对虾喜栖于砂泥底，砂泥底质海域其出现频率为 69.5%；砂质底出现频率为 72.7%，泥和泥沙底质出现频率最低。日本对虾分布区的底层水温为 17 ~ 29℃，底盐范围为 28 ~ 34。白天潜伏底内少动，夜间进行索饵活动，故夜间渔获量均大于白天。日本对虾生活力很强，离水后仍能维持较长时间不死。每当繁殖季节，受精卵在沿岸底质为砂或砂泥的海区孵化，幼体长至 100 mm 左右，逐渐游向较深海区生长。夏、秋两季在沿岸浅滩可用手推网捕获到日本对虾幼虾，在 20 m 水深以上的海区很少捕获到体长 100 mm 以下的幼虾。

日本对虾以摄食底栖生物为主，兼食底层游泳动物和浮游生物，嗜食动物性饵料，尤以二枚贝、多毛类为最。日本对虾雌虾性成熟个体，一般体长为 130 ~ 160 mm；雄虾性个体比雌虾小，一般体长为 110 ~ 140 mm。性成熟最小体长为 118 mm，体质量 20 g。日本对虾性成熟体长范围为 118 ~ 180 mm，以体长 130 ~ 160 mm 为主。

日本对虾性成熟较早，即春季出生的虾，到当年秋季性腺开始发育进行交尾，到第 2 年春季即产卵繁殖，产卵以后的亲虾部分死亡，尚有部分留下，能继续生长。产

十足目 DECAPODA

枝鳃亚目 DENDROBRANCHIATA

卵期较长，2—8 月均有性成熟个体出现，2、3、4 月成熟度为Ⅳ期的百分比较高，分别为 17%、22% 和 28%，6 月以后成熟个体数量大大下降，所以日本对虾产卵期为 2—5 月。每年 6—7 月在虾获物中便有体长 90 mm 以上的幼虾出现。

日本对虾渔获物中，两性比例，雌性占优势，全年平均雌性为 52%，7 月最高，达 68%，1 月最低，仅为 30%。

渔业： 日本对虾在南海北部分布很广，是广东、广西、海南虾渔业中重要的经济品种，其汛期为 5—11 月，旺汛在 9—10 月。一般 5—9 月渔获的虾是个体较大的上年出生剩余群体，9 月以后，捕捞当年出生的补充群体。产量以南海西部海区较高。在海南岛沿岸，水深 20 ~ 30 m 渔获量最高，其次是 10 ~ 20 m；50 m 水深以上渔获量最少。渔获物组成 5—12 月最高，尤以 9 月渔获组成是全年中渔获组成的最高月份，7 月最少。海南日本对虾在主要经济虾类渔获物组成中，仅低于鹰爪虾和刀额新对虾而居第 3 位。在海南岛北部、西部沿海产量最高，南部海区产量最低。

日本对虾为日本最重要的经济虾种类，在日本养殖风气颇盛。个体大，价格也较高，多为外销。韩国、日本和中国已人工孵化和养殖，深具经济价值。

地理分布： 印度 - 西太平洋热带海区广布种。非洲东岸、红海、印度、马来西亚、菲律宾、日本、朝鲜也有分布。我国分布于江苏、浙江、福建、台湾、广东、广西和海南岛沿岸。

31. 宽沟对虾 *Penaeus*（*Melicertus*）*latisulcatus* Kishinouye, 1900

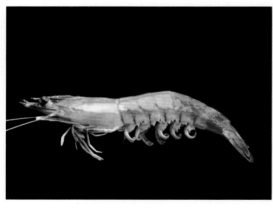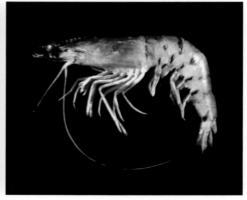

别名： 竹节对虾、竹节虾、太沟虾。

形态特征： 触角之上缘具有 8 ~ 12 齿，一般均为 10 齿，而下缘则仅具有一额齿。额角与头胸甲之特征与日本对虾颇为相似，其不同处为后者额角侧沟较额角后脊窄，而本种则同宽，此差别在额角侧沟的后半部较为明显。

第 1 触角鞭之上鞭略长于下鞭，其长度约为头胸甲的 0.19 倍（♀）或 0.23 倍（♂）。第 3 颚足可达第 1 触角柄部第 2 节之半，其指节与掌节之形状随性别而不同：雄者之指节基部外侧向内凹进，而掌节末端外侧约 1/3 处纵生长毛；雌者则无此特征。第一步足可达第 1 触角柄部末端，具有基节刺。第 2 对步足可达第 2 触角鳞片之半，亦具有一基节刺。第 3 对步足达第 1 触角柄第 2 节末端（♀）或第 3 节末端（♂）。第 4 与第 5 对步足均可达第 2 触角柄部末端。

海虾体色为淡黄褐色或淡灰褐色，上布细小的黑色斑点，各腹节两侧后缘有深褐色横纹；额角、额角后脊、第 2 触角鳞片外缘、腹节的中央背脊等也均为深褐色。步足多为淡黄色，其末端为橘红色。本种虾的体色常随栖息水域的底质而变，以减小受敌害捕食的机会。

生态和生物学： 宽沟对虾习性与日本对虾相似，喜生活于砂和砂泥底，多分布于水深 40 m 以浅水域，在渔获物中，常与前种混杂，同时被捕获。属大型虾类，成熟个体一般体长为 130 ～ 160 mm，最大个体可达 180 mm，雌虾较大。宽沟对虾的产卵期较长，为 1—8 月，产卵盛期 3—4 月，性成熟个体主要体长范围为 100 ～ 150 mm。4 月后出现幼虾。

地理分布： 分布于日本、韩国、菲律宾群岛、印度印西亚、澳大利亚西南海岸、新加坡、印度东西两岸至红海。我国分布于福建、台湾、香港、广东、广西和海南岛沿岸。

32. 红斑对虾 *Penaeus longistylus* Kubo, 1943

别名： 长枝对虾。

形态特征： 雌性体长 170 mm。体色淡红，额角及额后脊深棕色，腹部各节两侧各有 1 条或 2 条棕色横向条纹。腹部第 3 节两侧各有 1 红色乳状圆斑。腹肢基部红、末部黄、尾肢末部蓝色、边缘为红毛。

额角略平直前伸，末部 1/3 稍向上扬，伸至第 1 触角

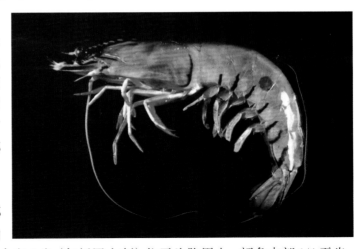

末端。上缘具 10 ～ 12 齿，其中有 5 齿（包括胃上刺）位于头胸甲上，额角末部 1/4 无齿，下缘具 1 齿，位于上缘末 2 齿之间的下方。额角后脊隆起较高，几乎伸至头胸甲后缘，额角后脊的中央沟稍短于头胸甲长的 1/2；额角侧沟宽而深，其宽度显著超过额角后脊，额角侧脊与额角后脊平行。头胸甲具肝脊、额胃脊、触角脊、眼胃脊、颈脊。头胸甲具触角刺、眼上刺、肝刺、胃上刺。肝刺位于额角后第 2 ～ 3 齿之间下方。前侧角圆，无颊刺。腹部自第 4 ～ 6 节背面中央具纵脊。腹部第 6 节背中脊较锐，其末端有 1 锐刺弯向腹面。尾节末端两侧具有 3 对小刺。

第 3 对步足伸至第 1 角柄第 1 节末端；第 1、4、5 对步足伸至第 2 触角鳞片基部。第 1 对步足具基节刺和座节刺，第 2 对步足具基节刺，无座节刺。5 对步足皆具外肢。

地理分布： 新加坡、菲律宾和澳大利亚均有分布，但数量不多。我国分布于海南岛东部沿岸水深 55 m 暗礁附近和西部临高、儋州沿岸。

33. 缘沟对虾 *Penaeus（Melicertus）marginatus* Randall, 1840

别名： 边脊对虾、白须虾、中虾。

形态特征： 体形和色彩颇似宽沟对虾，为淡黄色，密布红褐色小斑点，主要脊为深褐色，第2触角鞭白色，与宽沟对虾多相混淆。

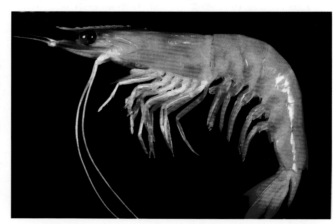

额角基部平直，末半稍向下斜，末端平直或稍向上扬，超出第1角柄末；上缘 9 ～ 10 齿，其中胃上刺及 3 齿位于头胸甲上，眼眶缘后，下缘 1 ～ 3 齿（多为 2 齿）。额角侧沟明显向后伸至头胸甲后缘近 1/10 处，与额角后脊相齐，额角后脊上无中央沟，亦无凹痕，与近似种显著不同。颈沟自肝刺向后上方斜伸到背中线。

第3颚足伸至第1触角柄基节末端。第1对步足伸出第2触角基节末端，具基节刺和座节刺。第2对步足仅具座节刺。第3对步足伸至第2触角鳞片 1/2 处，指节与掌节等长。第4 ～ 5 对步足达第2触角基节末端。

第4 ～ 6 腹节有背脊。其中第4节者较短。尾节侧缘具 3 对活动小刺。

地理分布： 广布于印度－西太平洋海区，自东非至夏威夷、新加坡、印度尼西亚、澳大利亚、日本。我国分布于海南、广东和台湾。

34. 印度对虾 *Penaeus（Fenneropenaeus）indicus* H. Milne-Edwards, 1837

形态特征： 体长最大 184 mm（♂），228 mm（♀）（♀体长一般较小的 179 mm，或更小些）。印度对虾外形很似中国对虾和长毛对虾。特别是额角的长度与形状。基部上缘稍凸略稍高于中国对虾而低于长毛对虾，长度短于中国对虾，但显著长于长毛对虾。上缘具 7 ～ 9 齿（多为 8 ～ 9 齿），下缘 3 ～ 5 齿。头胸甲触角脊约占眼眶缘至肝刺之间距离

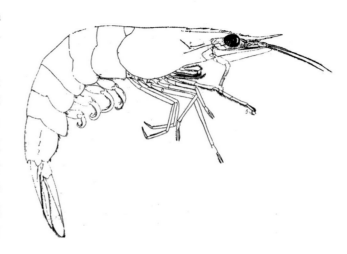

十足目 DECAPODA

枝鳃亚目 DENDROBRANCHIATA

的2/3，似中国对虾，显著较长毛对虾和墨吉对虾长，此外额角后脊也显著较中国对虾长，接近头胸甲末端（中国对虾伸至头胸甲中部），近似于长毛对虾，其后脊上较平的微凹脊沟痕（长毛对虾有断续的凹痕，墨吉对虾和中国对虾绝无凹痕）。

　　本种新鲜标本体色近似于中国对虾（较长毛对虾稍浓暗），但全身有较明显而稍浓的棕褐色斑点，额角头胸甲及腹部背脊和其他脊为深红褐色，尾肢末部暗红色及褐绿色，触须深红色，长毛对虾绿色和红色较亮而淡。

　　地理分布： 印度－西太平洋广布种，自印度，东非和东南非洲、马达加斯加，向东至北澳大利亚及新几内亚，向北到马来 西亚、泰国及菲律宾。我国分布于台湾、南海北部、南海中部和西部沿岸浅水。

35. 长毛对虾 Penaeus（Fenneropenaeus）penicillatus Alcock, 1905

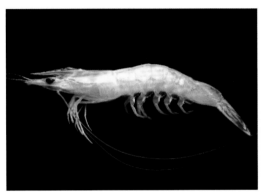 

长毛对虾成虾（左）稚虾（右）

　　别名： 明虾、红尾虾、白虾、多毛对虾。

　　型态特征： 体色和墨吉对虾相似，甲壳薄而透明，表面光滑，头胸甲及腹部背面呈淡黄色，散布暗棕色素点，额角及体背面的脊暗红色，腹肢、尾肢末部粉红色，尾肢后半部草绿色。体长稍小于中国对虾。

　　额角较平直，末端尖细，稍伸越第1触角柄末端，但很少到第2触角鳞片末端，基部隆起很高（雌性隆起更高），上缘具7～9齿（多为7或8齿），下缘4～5齿，很小，在末半部。额角后脊稍高而锐，伸至头胸甲近后部1/3～1/4处消失，脊上有断续的凹点。头胸甲眼眶触角沟明显，颈沟稍窄细，额角侧沟浅而明显，后部渐窄，伸至胃上刺下方消失；额角后脊虽有继续凹点，但不形成中央沟，无额胃沟；肝沟明显，稍平直前伸，其下方无肝脊。眼眶角圆，颊角钝，腹部自第4～6节背部中央具纵脊。第6节后端纵脊稍向下方，末端具锐刺，后下角无小刺；尾节约与第6节等长，末端尖，无侧刺。

　　第1、4、5对步足伸不至鳞片中部，约达鳞片基部1/4处。第3对步足可达鳞片的末端。第1对步足有基节刺和座节刺，第2对步足有基节刺而无座节刺，第1～5对步足皆具外肢，第5对步足外肢较小。

十足目 DECAPODA

枝鳃亚目 DENDROBRANCHIATA

　　生态和生物学：长毛对虾常与墨吉对虾混栖，栖于泥沙、砂、砂泥的海底，分布于水深 30 m 以内沿岸浅海。主要摄食单壳类、双壳类、短尾类、桡足类等。长毛对虾的成熟个体体长雌性一般为 140 ～ 160 mm，体质量 35 ～ 56 g，最大个体体长可达 200 mm，体质量达 100 g；雄虾较小，一般体长为 120 ～ 140 mm，体质量 22 ～ 35 g，最大个体体长可达 160 mm，体质量 56 g。南海在 6—7 月有较多幼虾出现，体长范围为 25 ～ 80 mm。4 月所捕获的虾，体长范围为 140 ～ 165 mm，为产卵群体，因此，其主要产卵期为 4—5 月。

　　渔业：粤东海区盛产长毛对虾，旺汛期为每年的 9—12 月。作业方式为拖网和刺网；珠江口、粤西和海南岛沿海亦产长毛对虾，但数量较少。长毛对虾在福建为主要人工育苗和养殖对象；在台湾也有小规模养殖实验。

　　地理分布：分布于西太平洋、印度洋和印度、巴基斯坦、马来西亚、印度尼西亚。我国分布于广东、广西、海南、福建、台湾、浙江等沿岸水深 2 ～ 35 m。

36. 墨吉对虾 Penaeus（Fenneropenaeus）merguiensis De Man, 1888

　　别名：大白虾、明虾、大虾、大明虾、黄虾、红脚虾。

　　形态特征：体表光滑，壳薄透明体表散布有棕色小斑点，死后呈白色，产卵季节成熟的雌虾，透过甲壳可见绿色性腺充满头胸甲和腹部背面。额角基部和尾肢末端粉红色，尾节后半部青绿色。额角基部背脊很高，侧面观略呈三角形，前部较平直而细，末端尖，伸到第 1 触角柄第 2 节中部（♀）或第 3 节中部（♂）。上

缘的 6 ～ 9 齿，较均匀地分布。下缘 4 ～ 5 齿。额角后脊伸至头胸甲后缘。头胸甲无中央沟，眼眶触角沟明显；肝沟浅而细，不很显著；颈沟略呈弧形，斜向前方与眼眶触角沟相连呈弧形；额角侧沟浅，向后伸至胃上刺下方消失。眼胃脊明显，无肝脊和额胃脊。腹部自第 4 节中部至第 6 节背面中央具纵脊。尾节短于第 6 节，末端尖，侧缘无活动刺。第 1、4、5 对步足约伸至第 1 触角柄第 1 节中部（雄性第 1 对步足可伸至第 1 触角柄第 1 节末），第 3 对步足伸至第 1 触角柄末，雄性可伸至第 2 触角鳞片末缘。第 1 对步足有基节刺和座节刺，第 2 对步足仅有基节刺而没有座节刺。5 对步足皆具外肢，第 5 对步足外肢较小。

　　生态和生物学：墨吉对虾是沿岸浅海性种类，成虾生活水深一般为 10 ～ 15 m，20 m 以外海区很少发现。仔、幼虾栖息盐度更低的沿岸内湾和浅滩，往往溯河而上，能生活于河流下游。仔、幼虾随着发育生长逐渐向较深的海区移动。栖息底质以砂底

为主，其次为砂泥底质。一般是白昼活动较夜间少；天气变冷，水温下降，虾活动较少，并且贴近底层。具有趋光特性，南海渔民有过用灯光围网捕获墨吉对虾网产量高达 10 t 的记录。雌虾成虾个体一般体长为 150 ～ 170 mm，最大体长可达 200 mm。雄虾稍小，一般体长为 130 ～ 150 mm。墨吉对虾生长速度快，虾苗在水池人工养殖条件下，一个月内体质量可达 30 g 左右，在海中自然条件下，生长速度更快。墨吉对虾产卵期较长，2—9 月均有性成熟个体出现，4—5 月为最高。虾苗出现有 3 个高峰期，群众分别称为"春苗"（春虾）、"秋苗"（秋虾）以及"雪苗"（雪虾）。墨吉对虾的产卵期为 3—9 月，产卵盛期为 4—5 月，其余各月虽有产卵，但数量较少。

地理分布： 为广布种，印度、巴基斯坦、缅甸、泰国、印度尼西亚、菲律宾、澳大利亚、新几内亚均有分布。我国福建、广东、广西和海南岛沿岸也有分布。

37. 长角似对虾 *Penaeopsis eduardoi* Peroz-Farfante, 1978

形态特征： 体形纤细，腹部较瘦长，头胸甲约为体长的 28%。额角平直且长，末部稍上扬（幼小个体稍下弯），雌性稍超出第 1 触角柄末端；雄性较短，仅伸至柄第 3 节中部，上缘具 11 ～ 12 齿（包括胃上刺），除胃上刺外，额角第 1 齿在眼眶缘处，其余都较均匀地分布于眼眶缘前方额角上，额角下缘直，无齿。额角脊甚短，仅达头胸甲背中部稍后。头胸甲的触角刺稍大，肝刺较小，鳃甲刺位于头胸甲前缘。腹部第 4 ～ 6 节背面具纵脊，第 6 腹节纵脊之末和下侧角各具 1 小刺、第 6 腹节较长，尾节微长于第 6 腹节，尾节背具纵沟，沟的两侧具纵脊，尾节两侧具 2 ～ 3 对活动刺和 1 对固定刺。第 1 对步足伸至第 2 触角柄的末端，第 3 对步足半个钳伸出第 1 触角柄基节顶端，第 2 触角鳞片之末，第 5 对步足伸至第 1 触角柄基节顶端，第 1 对步足具基节刺和座节刺。5 对步足的外肢皆为雏形。

生态和生物学： 长角似对虾栖息在较深的海区（水深在 300 ～ 600 m）。属中型虾类，渔获的体长范围为 99 ～ 122 mm，雌虾比雄虾大，雌虾体长范围为 108 ～ 122 mm，平均体长为 113.7 mm，体质量为 9 g，雄虾体长范围为 99 ～ 120 mm，平均 110.4 mm，体质量为 8.4 g。

地理分布： 太平洋西部和美国西海岸均有分布。我国分布于东海、台湾、南海北部陆坡深水，水深 310 ～ 540 m。

十足目 DECAPODA

枝鳃亚目 DENDROBRANCHIATA

38. 尖直似对虾 *Penaeopsis rectacutus*（Bate, 1888）

形态特征： 体长 100 ～ 110 mm，
体形瘦长，甲壳薄，光滑，额角平直，
末端尖，雌性伸至第 1 触角柄第 2 节
末端。额角上缘齿细密，具 13 ～ 14
齿（不包括胃上刺）。胃上刺位于头
胸甲背面前部 1/3 处。触角刺不发达，
与肝刺大小几乎相等。鳃甲位于头胸
甲前缘。头胸甲背面滑，额角后脊很短，
仅达头胸甲背中部。颈脊细而锐，伸
至肝刺至头胸背中部 1/2 处。腹部第

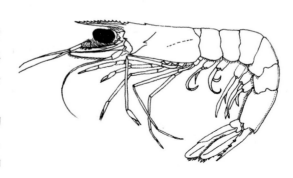

1 ～ 3 节背面光滑，自第 4 节背面前端 1/3 处起至第 6 腹节具纵脊；第 6 腹节纵脊末端
有 1 小刺。第 2 ～ 3 腹节和 5 ～ 6 腹节近前侧缘中部有 1 小突起，以前两个突起尤为显著。
尾节稍长于第 6 腹节，尾节背面中央纵沟宽且深，沟的两侧具纵脊，背侧缘在亚末端
固定刺之前有 3 对活动刺。5 对步足以第 3 对最长，伸至第 2 触有鳞片末端。第 1 对步
足伸至第 2 触角柄腕末端，第 5 对步足指节 1/2 超出第 2 触角柄末端。仅第 1 对步足具
基节刺和座节刺。5 对步足均具外肢，但很小。

生态和生物学： 尖直似对虾栖息于水深 300 m 以上的海区，属中型虾类，渔获虾
的体长范围为 94 ～ 118 mm。雌虾体长范围为 113 ～ 118 mm，平均体长 115 mm，体质
量 10 g。雄虾体长范围为 94 ～ 118 mm，平均体长 107.2 mm，体质量 7 g。

地理分布： 自印度洋西部至菲律宾和日本均有分布。我国分布于东海、台湾、南
海北部大陆架边缘水域，水深 400 m。

39. 假长缝拟对虾 *Parapenaeus fissuroides* Crosnier, 1985

形态特征： 体形较瘦长，
中等大小，甲壳较薄而光滑，
浅粉色带棕色小点。额角较
细长，末端尖细，微向上扬，
雌性者伸至第 1 触角柄第 3
节中部或末端，或稍超出，
雄性者稍短，伸至第 1 触角
柄第 2 节中部，或 3/4 处；
上缘具 6 ～ 7 齿，上缘末部

1/3 和下缘无齿。头胸甲具纵缝，自头胸甲前缘眼眶下方触角刺上方向后直伸，延至后缘。
头胸甲两侧鳃甲中部各有一短横缝。胃上刺位于头胸甲前部 1/3 处。眼眶角呈小尖刺状。
颊刺明显（位于头胸甲前缘）。额角后脊伸至头胸甲后缘。额角脊和肝脊明显，但较短，

眼眶触角沟、颈沟和肝沟较明显。第 1 对步足仅伸至第 1 触角柄第 1 节基部或中部；具基节和座节刺，座节刺显著较长。第 3 对步足伸至第 1 触角柄第 1 节末或第 2 节中部。第 5 对步足伸至第 1 触角柄第 2 节中部或末部（未成熟个体，第 5 对步足较长，超出第 1 触角柄末。步足的外肢皆为雏形。

生态和生物学：假长缝拟对虾是我国南海的重要经济虾种，分布较广，一般在稍深的外海水域，70 ～ 200 m 水深都有，分布区底层水温为 17.5 ～ 26.5℃，底层盐度为 33.7 ～ 34.8。底质为软泥、砂泥、泥沙和细砂。渔获体长 60 ～ 110 mm。台湾基隆一带也为重要经济虾种。

地理分布：印度洋、红海、印度尼西亚诸岛、马来西亚、太平洋西部至日本均有分布。我国分布于东海西部、南海北部外陆架水域，垂直分布范围为 50 ～ 274 m。

40. 六突拟对虾 *Parapenaeus sextuberculatus* Kubo, 1949

别名：六突侧对虾。

形态特征：体色淡粉红而带棕黄，中等大小。甲壳表面光滑。额角较短而尖直，末半部稍向下弯，微呈弧形，末端尖，伸至第 1 触角柄第 2 节基部；上缘 3 + 1 齿（包括胃上刺），下缘无齿。胃上刺约位于头胸甲前部 1/3 处。触角刺、肝刺发达。颊刺尖锐（位于头胸甲前缘）。眼眶角尖，为小刺。额角后脊伸至头胸甲后缘。

触角脊很明显。肝刺前方的肝脊细而锐，呈弧形弯向下方，至颊刺后方。位于触角刺上方的纵缝，自头胸甲前缘伸至后部，但不达后缘。头胸甲后部两侧下方各有 1 条较短的横缝。腹部第 1 ～ 3 节光滑无脊。第 4 ～ 6 腹节背面具纵脊，各脊后端有 1 小刺。尾节与第 6 腹节等长，尾节背面具较深的中央纵沟，沟的两侧具纵脊；末端尖刺状，侧缘近末端处各有 1 固定刺。

第 1 对步足伸至第 2 触角柄腕基部；第 3 对步足伸至第 1 触角柄基节末端；第 5 对步足伸至额角末端。仅第 1 对步足具基节刺和座节刺，座节刺强大约为前者的 2 倍。全部步足外肢很小。

地理分布：分布于日本沿岸。我国分布于广东、海南东部外海水深 300 ～ 350 m。本种虾体形大，具经济价值，但产量不大。

41. 长足拟对虾 *Parapenaeus longipes* Alcock, 1905

形态特征：体长 52 ～ 82 mm，雌虾较大。体形较瘦长，甲壳较薄而光滑。额角较

短而尖，伸至第 1 触角柄第 2 节
基部。上缘具 7 齿（包括胃上刺），
头胸甲纵缝自眼眶前缘伸至鳃区
后缘。胃上刺约位于头胸甲前部
1/4，触角刺尖锐，眼眶刺很小，
肝刺位于胃上刺下方。不具鳃甲
刺和颊刺。额角后脊延伸至头胸
甲后缘。腹部第 4～6 节背部具
纵脊，第 6 腹节最长，纵脊末端
和该节后下侧角各有 1 小刺。尾
节末端尖，稍长于第 6 腹节；侧
缘近末端各有 1 固定刺。

第 1 对步足约伸至第 1 触角柄第 1 节基部。第 3 对步足稍伸出第 1 触角柄第 2 节末端。
第 5 对步足指节 1/2 超出第 2 触角鳞片末端。5 对步足皆具外肢。

地理分布： 分布于印度东西两岸、马来西亚、日本。我国南海及台湾至东海均常见，
但产量不大。我国分布于粤东、粤西、海南岛东南部、北部湾，水深 24～187 m。底
层水温 17.6～27.4℃，盐度为 23.0～34.7，底质为砂、泥沙、砂泥和软泥。

42. 印度拟对虾 *Parapenaeus investigatoris* Alcock et Anderson

别名： 短角侧对虾。

形态特征： 体形较瘦长，体
表光滑，壳薄。额角较短，平直
前伸，雌性至第 1 触角柄第 2 节
基部（雄性稍短）；上缘具 5～7
+ 1 齿（包括胃上刺），胃上刺
与第 1 触角齿相距较远，位于头
胸甲近前方 1/4～1/3 处。鳃甲
刺粗大，位于头胸甲前缘稍后方；

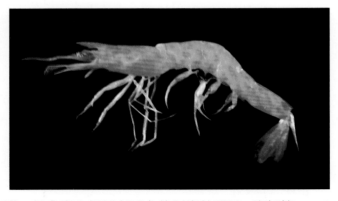

无眼上刺。额角后脊伸至头胸甲后缘；触角脊和鳃甲刺后方的肝脊较明显。腹部第 1～3
节背面圆滑，第 4～6 节背面具纵脊，脊末端有 1 小刺；第 6 腹节细长，末端有 1 小刺。
尾节短于第 6 腹节，短于尾内肢，末端尖，两侧缘末部具 1 固定刺。

第 1 对步足伸至第 2 触角柄末节中部。第 3、4 对步足末端几乎相齐，伸至第 1 触
角柄第 2 节中部。第 5 对步足稍长，伸至第 1 触角柄第 2 节末端。第 1 对步足具基节
刺和座节刺。5 对步足外肢甚小。

地理分布： 分布于印度洋、安达曼海、日本水深 243～766 m。我国分布于粤东、
粤西和海南岛，外陆架和陆坡区，水深 125～350 m。

43. 矛形拟对虾 *Parapenaeus lanceolatus* Kubo, 1949

别名： 矛形侧对虾。

形态特征： 体长 54 ~ 87 mm，体形细长，甲壳薄，表面光滑。额角细而直，末端尖、略向上弯，伸至第 1 触角柄第 2 节中部（♂）或第 3 节中部（♀）；上缘具 5 ~ 6 ＋ 1 齿（包括胃上刺），末端 1/3 无齿。头胸甲两侧有长纵缝，自眼眶缘伸至后缘。鳃区两侧在第 3 对步足上各有一横缝。胃上刺约位于头胸甲前部 1/3 处。眼眶角稍尖，触角刺锐，肝刺较触角刺小，颊刺明显（位于头胸甲前缘）。额角后脊延伸至头胸甲后缘。腹部第 3 节背面光滑，第 4 ~ 6 腹节背面具纵脊，各节纵脊末端有 1 小刺。尾节与第 6 腹节略等长，尾节背面前半具纵沟，侧缘近末端具 1 对固定刺。

第 1 对步足仅伸至第 1 触角柄第 1 节中部，具座节刺和基节刺，座节刺较长大。第 3 对步足伸至第 1 触角柄的第 3 节基部。第 5 对步足伸至第 1 触角柄末节中部或末端。步足外肢甚小。

地理分布： 目前仅发现于日本、南海和东海。我国分布于粤东、珠江口、粤西、海南岛东南部水深 45 ~ 450 m 海区。

44. 近缘新对虾 *Metapenaeus affinis*（H. Milne-Edwards, 1837）

别名： 中虾、芦虾、亦爪虾。

形态特征： 体表光滑，雄性浅棕色，雌性体色稍淡，性成熟个体背部性腺呈浅绿色。步足和腹肢棕红色，尾扇末缘常带浅黄色。体多毛，头胸甲鳃区除心鳃脊等部分外，几乎全为鳃覆盖。

额角平直,稍弯曲,末部上扬,伸至第 1 触角柄末端附近（雄），成体雌性者较短，仅伸至第 1 触角柄第 2 节末端附近，不至第 3 节末；上缘具 7 ~ 8 齿，个别仅 5 齿（不计胃上齿），以 7 齿者较多。末端的 1/5 及下缘无齿。头胸甲颊角圆形，触角刺大，眼胃脊清楚，额角后脊几乎伸至头胸甲后缘，额角侧脊及沟延伸至胃上刺稍后方。触角脊、心鳃脊明

十足目 DECAPODA

枝鳃亚目 DENDROBRANCHIATA

显。头胸甲具颈沟、眼后沟清楚，眼眶触角沟伸至肝刺前方，心鳃沟明显。腹部自第 4 节背面中部至第 6 节具纵脊，第 6 节纵脊末端形成小刺；第 6 节稍短于尾节，后下侧角有 1 小刺。尾节背面具纵沟，两侧无大刺，但有一列微小刺。

第 3 对步足伸至或稍超出第 1 触角柄末端；第 1、4 对步足末端相齐，伸至眼中部；第 2 对步足伸至第 1 触角柄第 1 节末端。第 5 对步足细长，伸至或微超出第 1 触角柄第 2 节末端。第 1 ～ 3 对步足具基节刺，第 1 对步足座节刺有（很小）或无。雄性第 5 对步足长节内缘近基部有 1 小突起。

生态和生物学： 近缘新对虾为近岸浅海种，对底质无严格的选择，广泛栖息于底质为砂、砂泥、泥沙和泥底海区。在 50 m 水深范围内均有分布。但水深 10 m 以内沿岸带渔获量较高，渔获量向外海随水深的增加而下降。它是一种以底栖生物为主，兼食底层浮游生物及底层游泳生物的广食性种。对水温适应范围较广，底层温度 18 ～ 29℃ 均有分布，以 18 ～ 19℃ 海区产量较高。分布底层盐度为 28 ～ 34，密集区为 29 ～ 31。近缘新对虾个体中等大小，成熟个体一般体长 95 ～ 140 mm，体质量 13 ～ 35 g，最大个体全长为 165 mm，体质量 68 g。产卵期为 1—8 月，产卵盛期为 5—8 月。近缘新对虾性成熟的最小体长是 75 mm，体质量 4.5 g，性成熟个体的体长范围为 72 ～ 150 mm。

渔业： 近缘新对虾是南海较为重要的经济虾类，广东沿海 50 m 等深线以内海域均有分布，粤西海区汛期为 6—11 月，7—8 月为旺汛；粤东海区汛期 7—9 月，珠江口海域多分布在河口附近水深 15 m 范围以内。珠江口的近缘新对虾群体较大，产量较高。

地理分布： 分布于印度、巴基斯坦、印度尼西亚、马来西亚、新加坡等。我国分布于福建、台湾、广东、广西和海南沿岸。

45. 刀额新对虾 *Metapenaeus ensis*（De Haan, 1850）

别名： 额角新对虾、沙虾、基围虾、中虾、芦虾、泥虾。

形态特征： 体土黄或棕褐色，游泳足棕色或赤色，步足淡紫色和淡黄色环斑相间。尾节暗棕色（有些标本稍带蓝绿色）。壳较厚，体表除脊和边缘部分外着生许多短毛，腹部两侧前下方光滑无毛，体表散布许多黑点。

额角雄性平直，尖刀形，雌性末部微向上弯，伸至第 1 触角柄第 3 节末端，上缘具 6 ～ 9 齿。眼眶刺较小，肝刺位于胃上刺下方。额角后脊很显著，伸至头胸甲后缘。眼后沟较宽而深，斜向后侧方；眼眶触角沟、颈沟、肝沟很明显，在肝刺前方相交。颈沟较直，斜向头胸甲背面（中部）；心鳃沟较浅，肝沟向下前方凹弯，伸至头胸甲前缘附近。腹部 1 ～ 6 节背面中央具光滑的纵脊，后两节背脊高而锐，第 6 腹节背脊末端有 1 小刺，后角各有 1 小刺。腹部前 5 节两侧具有不规则的脊，第 6 腹节侧面有 3 条纵脊，除背面纵凹和纵脊光滑外，其余均披短毛；尾节无侧缘刺。第 1 对步足伸至第 2 触角柄第 3 节中部。第 3 对步足细长，伸至第 1 触角柄末。第 5 对步足伸至第 1 触角第 2 节基部。前 3 对步足具基节刺，第 1 对步足具座节刺，基节刺小。雄性第 5 对步足长节近基部有 1 突起，座节末端有 1 突起，与长节突起相对。

生态和生物学： 刀额新对虾成体活动在水深为 20 ～ 50 m 的水域。在水深为 50 m 水深范围内平均渔获量以水深 20 ～ 30 m 内为最高。刀额新对虾对底质的选择不明显，砂泥、泥、泥沙、砂等底质海区广泛分布，白昼潜伏于海底少动。当天气寒冷、透明度大时隐藏得很深，深度可达 8 ～ 10 cm。但两眼和触角必然外露，黄昏时进行捕食，夜间较易捕捞。渔获体长为 60 ～ 160 mm，主要是 90 ～ 140 mm，最大全长 160 mm，体质量为 52 g。全年均有性成熟个体产卵，而主要产卵期为 3—9 月。性成熟个体最小体长 80 mm，体质量 7 g。性成熟体长范围为 80 ～ 160 mm，卵子是分批发育成熟。

渔业： 刀额新对虾是南海极为重要的经济虾类，资源相当丰富，分布广。粤东至北部湾和海南岛沿岸，水深 20 ～ 50 m 海区，都是良好的虾场。由于繁殖期长不同世代个体混杂，汛期也较长，主要在 5—9 月。

地理分布： 广泛分布于印度－西太平洋海区。包括印度、孟加拉湾、印度尼西亚、马来西亚、朝鲜、日本、新加坡、澳大利亚等地。我国分布于东海西部、台湾、广东、广西和海南岛沿岸海区。

46. 中型新对虾 *Metapenaeus intermedius*（Kishinouye, 1900）

别名： 麻虾、中虾。

形态特征： 体棕黄色，尾肢后半紫红色，或紫蓝色，头胸甲背面（除额角后脊外）具许多软毛，两侧比较光滑，仅局部具软毛，腹部背面光滑，两侧具不规则软毛区。额角尖刀形，直伸，末端尖锐，稍上扬，伸至第 1 触角柄第 2 节末端。上下缘均直，上缘齿 8 ～ 10 齿（除胃上刺外），基部 2 齿在头胸甲上。眼眶刺较

小。肝刺位于胃上刺下前方。额角后脊明显，伸至头胸甲后端 9/10 处突然终止。头胸甲具颈脊、肝脊。额角侧沟较窄，伸至胃上刺稍后方。

腹节第 4 ～ 6 节背面具纵脊，第 6 节背脊末端具 1 小刺，尾节末端尖，末部两侧

十足目 DECAPODA

枝鳃亚目 DENDROBRANCHIATA

有 3 对活动刺，第 1 对刺位于尾节末端 1/3 处。第 3 对刺伸不到尾节末端。第 1 对步足伸至第 2 触角柄腕基部。第 2 对步足与第 5 对步足约伸至第 1 触角柄第 1 节末端。第 3 对步足伸至第 1 触角柄第 2 节中部。第 1 对步足具基节刺和座节刺，大小几乎相等。第 2 ～ 3 对步足具基节刺，无座节刺。雄性第 5 对步足变态，长节内缘基部有 1 突起。

生态和生物学： 中型新对虾生活习性和刀额新对虾相似，栖息水域较广。从潮间带下区到 130 m 水深范围内均有分布，但主要分布于 20 ～ 60 m 水深的海区。它对各类底质的适应性较广，无明显的选择性。成熟个体一般体长为 100 ～ 140 mm，最大体长 145 mm，最大体质量 45 g。主要产卵期为 2—7 月。性成熟最小体长为 85 mm，最小体质量 10 g，性成熟体长范围 85 ～ 145 mm，4—5 月体长 90 mm 以上的虾性腺基本成熟。

地理分布： 分布于马来西亚、印度尼西亚、澳大利亚和日本。我国分布于福建、台湾、广东、广西和海南沿岸浅水水域。

47. 沙栖新对虾 *Metapenaeus moyebi*（Kishinouye, 1896）

别名： 滑壳新对虾、中虾。

形态特征： 体表黄色、光滑、壳薄透，表面散布浅蓝色或褐色小点。步足、腹肢、尾肢暗棕色，头胸甲表面有不规则短毛。额角较直，微向上倾斜，长度稍短于头胸甲，伸至（雄）第 1 触角第 3 节末端，上缘基部具 7 ～ 8 齿，末端的 1/5 及下缘无齿，肝刺位于胃上刺下方。无眼眶刺。额角后脊较低，伸至头胸甲后 4/5 处消失。额角侧脊及沟伸至胃上刺稍后方消失。眼胃脊、触角脊、肝脊、心鳃脊明显。头胸甲具眼后沟眼、眼眶触角沟、颈沟、肝沟和心鳃沟。腹部第 4 ～ 6 背面具中央纵脊。第 6 节纵脊后端具小刺。第 6 节的长度相当于头胸甲长的 1/2。在第 6 节后侧角有 1 小刺。尾节末端尖锐，与第 6 节大体相等。尾节背面具纵沟，侧缘无刺。

第 3 对步足最长，伸至第 1 触角柄第 2 节中部；第 1、4 对步足末端相齐，伸至第 2 触角鳞片基部；第 5 对步足伸至第 1 触角柄第 1 节末端。第 1 ～ 3 对步足具基节刺，无座节刺。雄性第 5 对步足变态，长节内缘近基端有 1 突起，座节内缘近末端有 1 个较低突起。

生态和生物学： 6—8 月雌虾体长为 55 ～ 95 mm，雄虾体长为 55 ～ 76 mm。它的个体呈然较小，但繁殖生长很快。7 月和 8 月是沙栖新对虾的产卵期。性成熟的最小体长为 60 mm，最大体长为 95 mm。

地理分布： 分布于印度、印度尼西亚、马来西亚、日本、菲律宾、澳大利亚、夏威夷群岛。我国分布于福建、台湾、广东、广西和海南沿岸浅水低盐环境。

48. 周氏新对虾 *Metapenaeus joyneri*（Miers, 1880）

形态特征： 甲壳薄，表面光滑但有淡黄色，表面散布许多蓝褐色小点，许多凹下部分，着生短毛。额角稍弯曲，约为头胸甲长的 2/3 ～ 3/4（雄者较短，雌者较长），伸至第 1 触角柄第 3 节末，上缘具 6 ～ 8 齿，末端 1/3 及下缘无齿，额角后脊延伸至头胸甲后缘附近，额角侧脊及沟延伸至胃上刺前方。触角脊、肝脊和心鳃脊明显；颈沟细、眼后沟窄而深，心鳃沟明显，肝沟

在肝刺前方部分较深，斜向前下方；眼眶触角沟较浅。腹部第 1 节背面中央至第 6 节有背脊。尾节稍长于第 6 节，末端甚尖，背面具纵沟，侧缘无刺。

第 1、4 对步足末端齐，伸至眼柄中部，第 5 对步足细长，伸至第 1 触角柄第 2 节基部。第 1 ～ 3 对步足具基节刺，5 对步足均无座节刺。

生态和生物学： 周氏新对虾为近岸内湾种，一般栖息在水深 20 m 以内的海区。喜在底质为泥或泥沙的浅海区生活。有时也在中上水层活动。喜集群。在捕捞时如遇到集群，网产量较高。它在新对虾属中是个体较小的种，成虾一般体长为 70 ～ 110 mm，体质量为 2.5 ～ 14 g。（南海产的个体比黄海产的个体略小）。性成熟体长范围 68 ～ 110 mm。周氏新对虾的繁殖比较复杂，不同补充群体交混。在南海几乎全年都有性成熟达Ⅲ、Ⅳ期的个体出现，产卵期较长。

渔业： 周氏新对虾在沿岸河口港湾分布较多，主要虾场有粤西和粤东沿岸，汛期在粤西为 6—9 月，粤东为 10 月至翌年 2 月。珠江口、海南岛沿岸、北部湾亦产周氏新对虾，但产量不高。

地理分布： 为日本、朝鲜沿海和中国东南沿海的地方性种。我国分布于广西、广东、海南、福建、台湾、浙江、江苏、山东沿岸浅水。

49. 扁足异对虾 *Atypopenaeus stenodactylus*（Stimpson, 1860）

形态特征： 体形很小，甲壳薄而光滑。头胸甲约为体长的 1/4。额角短，平直前伸，

末端尖，伸至角膜前缘，上缘具
8齿（包括胃上刺），下缘无齿，
胃上刺和基部2齿位于头胸甲
上，胃上刺与额后齿之间距离几
乎与额角等长。额角后脊伸至头
胸甲后端4/5处。眼后沟较深凹；
颈沟浅直而短，伸达肝刺至头胸
甲中线间距离的2/5处。腹节第
3节中部之后及第4～6节背面
具纵脊，第6节纵脊末端有1小
刺，尾节末端尖，几乎与尾肢末

缘相齐，不具侧缘刺。眼小，眼柄角膜长。

第1对步足伸至第2触角柄腕基部；第3对步足伸至第1触角柄第3节基部，第
3对步足螯的两指窄长；第5对步足指节末半超出第1触角柄末端，掌节和指节细长
呈柱状。第2对步足具基节刺和座节刺，第3对步足具基节刺。5对步足皆具外肢。

地理分布： 分布于印度、马来西亚、澳大利亚、日本等地。我国浙江、福建、台湾、
广东、广西和海南岛沿岸均有分布。水深5～220m均采到标本。

50. 鹰爪虾 *Trachypenaeus curvirostris*（Stimpson, 1860）

别名： 弯角鹰爪虾、白须、
厚壳虾、猿虾。

形态特征： 甲壳稍厚，表
面较粗糙，沟脊不明显。额角发
达，雌性稍超出第1触角柄第3
节之末，雄性伸至第1触角柄第
3节基部；额角末端尖锐，稍向
上弯，特别是雌者显著上弯；上
缘具8～10齿（包括胃上刺）。
胃上刺位于头胸甲前部1/3处。
具触角刺、肝刺、眼眶刺。触

角刺上方的纵缝很短，颈沟不明显。肝沟较宽浅。腹部第2～6节背面具纵脊，但第
2腹节背面纵脊很短，第6节纵脊较高，脊末端和该节下侧角有1小刺，尾节较短，约
为第6腹节的1.2倍；尾节背面中央具纵沟，尾节亚末端两侧有3对较小的活动刺，但
有些只有1～2对。第3对步足最长，伸至鳞片末端；第1、4对步足末端几乎相齐，
伸至第2触角柄末端；第5对步足较短，伸不至鳞片的末端。第1～2对步足具基节刺，
第1对步足座节刺很小。

生态和生物学： 鹰爪虾分布区的水深范围为 12～125 m，主要在 30～60 m 深度的海区。它对底质的适应力较强，在砂、泥沙、泥、软泥和砂底海区均有分布。分布区底温为 17～29℃，底盐为 31.3～34.8，鹰爪虾喜栖于砂丘间的沟中，白天潜伏少动，夜间进行摄食。5 月和 6 月比较密集，形成虾汛，其他月份较分散。

鹰爪虾个体较小，渔获的雌虾体长一般为 60～95 mm，雄虾为 50～80 mm。

渔业： 鹰爪虾是广东、海南重要经济虾类，产量高。粤东的外脚虾场、粤西的东平、水东外海、海南的抱虎虾场，都是鹰爪虾的盛产区。冬天鹰爪虾向外海移动。虾群比较分散。5—8 月向近海移动，虾群比较密集，形成虾汛。鹰爪虾在黄海的产量很大，是重要的中小型经济虾类。

地理分布： 印度－西太平洋广布种。日本、朝鲜、中国向南至马来西亚、印度尼西亚、澳大利亚、向西至印度、红海、非洲东岸、马达加斯加，近年来进入地中海东部均有分布。我国南北各海区也均有分布。

51. 长足鹰爪虾 *Trachypenaeus longipes*（Paulson, 1875）

形态特征： 体长 60～100 mm，体色浅棕红或带黄色。体形较粗短，甲壳厚而粗糙。头部较肥大。额角较平直，匕首状，末端尖，成熟和未成熟个体的额角形状相同，约为头胸甲长的 1/2，雌性伸至第 1 触角柄第 2 节末端，雄性伸至第 2 节中部，上缘有 8～10 齿（包括胃上刺），下缘无齿。具眼眶刺、肝刺、触角刺，颊角稍锐，但不呈刺状。额角后脊延伸至头胸甲后缘。无颈脊和肝脊。眼眶触角沟、颈沟、肝沟较浅。腹部第 2～6 节背面具纵脊，第 2 腹节背脊断续，第 3～6 腹节的脊高而锐，第 4～6 节纵脊的末端稍尖。尾节稍长于第 6 腹节，尾节具中央纵沟，两侧具纵脊，尾节两侧缘末端附近具 3 对活动刺。

第 1 对步足伸至第 2 触角柄末。第 3 对步足中部约伸至第 1 触角柄末端。第 5 对步足指节伸至或超出第 2 触角鳞片末端。第 1 对和第 2 对步足具基节刺，仅第 1 对步足具座节刺，但很小。5 对步足皆具外肢，

生态和生物学： 与鹰爪虾相似。

地理分布： 南海至印度、红海间均有分布。在粤西、珠江口、粤东和海南岛沿海水深 100 m 以内均有分布。海南岛东部水深 220 m 海区均采获大量标本。

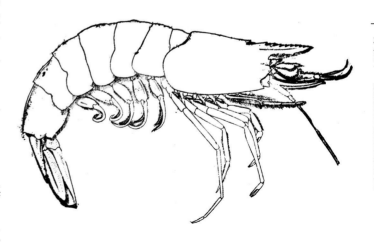

十足目 DECAPODA

枝鳃亚目 DENDROBRANCHIATA

52. 澎湖鹰爪虾 *Trachypenaeus pescadoreensis* Schmitt, 1931

形态特征: 一般成虾体长 60 ~ 80 mm, 体形较粗短。甲壳粗糙而厚, 体色暗棕红色, 尾扇橘红色, 缘毛黄色。额角发达, 微向上前方斜, 其长度约为头胸甲的 0.4, 伸至第 1 触角柄的末端, 上缘具 8 ~ 10 齿。头胸甲较粗壮, 沟脊不明显, 胃上刺较小, 位于头胸甲前部 1/5 处。眼眶刺很小, 触角刺发达。额角后脊延伸至头胸甲后缘。眼眶刺角沟和颈沟都比较浅。腹部第 2 ~ 6 节背部具中央纵脊, 第 2 节的背脊较低, 后 3 节纵脊较高, 第 6 节纵脊末有 1 小刺。尾节长于第 6 腹节, 约为头胸甲长的 1/2。尾节末端具 1 对活动刺。

第 1 对步足伸至第 1 触角柄第 2 节基部。第 3 对步足的螯整个超出第 2 触角鳞片末端, 第 5 对步足掌节 1/2 伸出第 1 触角柄末端。第 1 对步足具基节刺和座节刺, 第 2 对步足仅具基节刺。5 对步足皆具外肢。

地理分布: 分布于日本、马来西亚、印度, 水深 15 ~ 100 m 海区。我国分布于台湾、广东、广西和海南等海区。

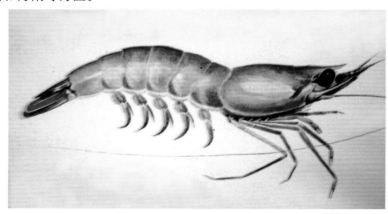

53. 尖突鹰爪虾 *Trachypenaeus sedili* Hall, 1961

形态特征: 雌虾 50 ~ 70 mm, 雄虾一般体长 40 ~ 50 mm, 体形小而瘦长, 甲壳厚而粗糙。体色暗棕色。额角发达, 稍向上斜。长度约为头胸甲长的 0.6, 伸至第 1 触角鞭第 2 节末端。上缘具 8 齿, 下缘无齿。头胸甲表面沟脊不明显。具 1 微小的眼眶刺。胃上刺和触角刺发达。肝刺较小, 无颊刺。额角后脊伸延至头胸甲后缘附近。触角脊明显。在触角刺上方有 1 条较短的纵缝, 自头胸甲前缘伸至肝刺上方。眼眶触角沟、颈沟、肝沟皆浅而不明显。第 1 对步足伸至第 2 触角柄末端; 第 3 对步足最长, 接近或稍超出第 1 触角柄末端; 第 5 对步足伸至第 1 触角柄第 1 节末端。第 1 ~ 2 对步足具基节刺, 仅第 1 对步足具座节刺。5 对步足皆具外肢。腹部第 2 ~ 6 节背面具纵脊, 第 2 节仅前部有短的纵脊, 第 3 ~ 6 节的背中央纵脊高而锐, 第 6 纵脊之末端有 1 小刺。尾节背面纵沟两侧有脊, 尾节侧缘末端附近具 1 ~ 3 对活动刺。

地理分布：分布于中国南海至马来半岛、斯里兰卡、印度。我国分布于广西、雷州半岛西部、海南岛沿岸。

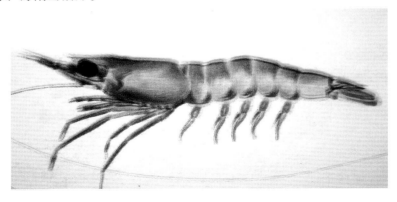

54. 马来鹰爪虾 *Trachypenaeus malaiana* Balss, 1933

形态特征：体长 55 ~ 80 mm，体形较鹰爪虾稍瘦长，甲壳厚而粗糙。体色与鹰爪虾相似。额角长度约为头胸甲长的 1/4，伸至第 1 触角柄第 2 节末端，上缘 8 ~ 10 齿。头胸甲具胃上刺、眼眶刺、触角刺、肝刺小而尖锐。额角后延伸至头胸甲后缘。腹部第 2 节背中部脊短，第 3 节背面前 2/3 至第 6 节背面具纵脊，末端有 1 小刺。尾节基部具纵脊，脊沟具浅纵沟，末端具有 1 对活动刺。第 1 对步足最短，约伸至第 1 触角柄第 1 节末端；第 3 对步足最长，腕节 1/7 ~ 1/3 或掌节 1/2 超出鳞片末端，第 5 对步足指节超出第 1 触角柄末。第 1 ~ 2 对步足具座节刺和基节刺。5 对步足皆具外肢。

地理分布：分布于日本、菲律宾、马来西亚、印度尼西亚、澳大利亚沿海。我国分布于广东、广西和海南岛沿岸海域。

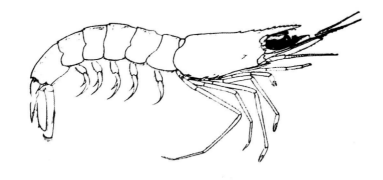

55. 细巧仿对虾 *Parapenaeopsis tenella*（Bate, 1888）

形态特征：体形纤细，甲壳薄而光滑。体表淡粉红色或稍带淡黄色，腹部有许多小蓝黑点。尾肢红色，缘毛带黄褐色。

额角短，上缘微凸，末端尖锐，伸至第 1 触角柄第 2 节中部，长度约为头胸甲长

十足目 DECAPODA
枝鳃亚目 DENDROBRANCHIATA

的 1/2（雄）或 2/3（雌）。全长皆具齿，齿数 6 ~ 8 个，下缘无齿。头胸甲不具胃上刺。眼眶刺很小。无额角后脊。额角侧脊伸至额角最后 1 齿下后方。肝脊明显而短，向前方斜伸。肝刺前缘有 1 排小刺。眼眶触角沟极浅，肝沟较深。颈沟、鳃心沟不明显。触角刺上方的纵缝向后延伸，长度约为头胸甲长的 2/3。腹部第 3 节背面中部至第 6 节具纵脊，第 6 节纵脊末端具 1 锐刺。尾节与第 6 节等长，侧缘无刺。

第 1 对步足最短，伸至第 2 触角基节的基部。第 3 对步足与第 4 对步足末端几乎相齐，伸至第 1 触角柄第 1 节中部。第 5 对步足伸至第 1 触角柄末端。第 1 ~ 2 对步足各具 1 基节刺，不具肢鳃。步足全具外肢，但第 5 对步足外肢较小。

生态和生物学：细巧仿对虾体形较小，是沿岸浅海性种，分布于水深 50 m 以内的近海，但主要分布于水深 10 m 左右海区。它对各类底质均能适应。南海分布区底温 16.2 ~ 29.2℃，底盐为 29.5 ~ 34.6。渔获体长范围为 40 ~ 60 mm。

地理分布：印度－西太平洋广布种，自日本、朝鲜、我国北部向南至北澳大利亚、新几内亚、印度尼西亚、马来西亚、向西至孟加拉、巴基斯坦、印度均有分布。我国山东、江苏、浙江、福建、台湾、广东、广西和海南岛沿岸海域也有分布。

56. 哈氏仿对虾 *Parapenaeopsis hardwickii*（Miers, 1878）

别名：长额仿对虾、长角仿对虾、西南虾、九虾、狗虾。

形态特征：甲壳薄，体表光滑，呈紫红色，尾肢末缘棕、黄色。腹肢棕色。雌性个体明显大于雄性。

额角很长而略呈"S"形弯曲，末端尖锐，明显向上弯，大大超出第 1 触角柄末端，约为头胸甲长的 1.3 倍。上缘具 7 ~ 8 齿（不包括胃上刺）。上缘末半

部下缘无齿。肝刺位于胃上刺下方，眼眶刺较小。额角后脊几乎伸至头胸甲后缘。额

角脊上有明显的中央沟，自胃上刺后起几乎伸至脊末端。额角侧脊及沟伸至胃上刺下方消失。眼后沟和心鳃沟不明显，眼眶触角沟较浅。颈沟、肝沟深，颈脊较直。颊角钝尖。第 6 腹节背脊末端和两侧后下方各有 1 锐刺，前者较大，后者较小。尾节两侧缘无刺。第 3 颚足和第 3、5 对步足几乎齐长，第 5 对步足掌节 1/3（雄）或整个指节（雌）超出第 2 触角柄末端。第 1 对步足较短，伸至第 2 触角基肢第 1 节。第 1 ~ 2 对步足具基节刺和肢鳃。5 对步足皆具外肢。

生态和生物学：哈氏仿对虾是沿岸浅海性种，分布区的水深为 7 ~ 66 m。栖息的底质范围较广，在泥、泥沙、砂泥、砂底近海均有分布。分布区底温范围为 16.2 ~ 29.1℃，底盐为 27.2 ~ 34.6。每年 3—4 月产卵时向江河口移动，孵化后的幼虾在半咸水的河口生活。夏季雨水多，河口盐度明显降低，虾群稍向外移动；冬季雨水少，河口盐度高，虾群稍向内移动。吹西南风时风浪大、水浊，渔获量较高，故又名西南虾，它常与亨氏仿对虾、角额仿对虾、刀额仿对虾混栖。成虾雌性一般体长 70 ~ 100 mm，最大体长为 107 mm，体质量为 16 g；雄虾为 50 ~ 75 mm，最大体长为 87 mm，体质量 8 g。每年 6 ~ 7 月渔获的体长为 35 ~ 100 mm，群体中同时存在两个世代，1 个世代体长为 35 ~ 70 mm，这批虾是当年 3—5 月繁殖的群体；另 1 世代体长为 70 ~ 100 mm，是去年的老虾。8 月以后，这批老虾逐渐消失，仅有体长 60 ~ 90 mm 当年生的新虾。

哈氏仿对虾生命周期较短，当年春季出生的虾，第二年春季即繁殖产卵。少数春季出生的虾在当年秋季已繁殖产卵。产卵后的亲虾大部分死亡消失，只有少数个体继续生长。哈氏仿对虾在南海全年均有成熟的个体出现，其主要产卵期为 3—5 月；其次是 8—10 月。哈氏仿对虾性成熟最小体长是 53 mm。最小体质量为 2 g。性成熟的一般体长范围为 65 ~ 100 mm。

渔业：广东粤西海区的广州虾场，雷州湾虾场盛产哈氏仿对虾，资源丰富，每当虾汛旺发时，海面呈一片红色。主汛期 8—9 月。粤东海区汛期为 10 月至翌年 4 月，旺汛期为 12 月至翌年 2 月。北部湾和海南也盛产哈氏仿对虾，虾汛期为 5—9 月，旺汛为 7—9 月。主要捕捞作业为拖网，定置张网等。

地理分布：分布于日本、加里曼丹、新加坡、印度尼西亚、马来西亚、印度。我国分布于黄海南部、东海、南海，水深为 35 m 以浅海区。

57. 刀额仿对虾 *Parapenaeopsis cultrirostris* Alcock, 1906

形态特征：甲壳表面光滑，雌性浅棕红色，尾肢末缘青黄色，腹肢棕色。雌性和雄性额角异形，雌性额角与哈氏仿对虾相似，额角很长，明显向上弯，似"S"形，雄性额角较短，微微下弯，末部尖，似小刀形（或称匕首形），伸至第 1 触角第 2 节中部。约为头胸甲长 4/5，上缘 7 ~ 8 齿（不包括胃上刺）。分布头胸甲全长。额角后脊几乎伸至头胸甲后缘，脊上有中央沟，自胃上刺后方伸至额后脊末端。额角侧脊及沟伸至胃上刺下方消失。具有眼后沟和心鳃沟。肝脊细而明显。腹部第 4 ~ 6 节背面有 1 纵脊。

十足目 DECAPODA

枝鳃亚目 DENDROBRANCHIATA

第 6 节的背中脊之末及两侧后下角有 1 锐刺。尾节与第 6 腹节等长,雄性尾节腹外肢外缘稍往侧凸。

第 3 颚足伸至第 2 触角柄顶端。第 3、5 对步足几乎齐长。第 5 对步足整个或部分指节超出(雄性)或仅仅达至(雌性)第 2 触角柄末端。第 2 和第 4 对步足伸至第 2 触角柄第 3 节基部。第 1 ~ 2 对步足具基节刺,第 5 对步足均具外肢。第 1 ~ 2 对步足具肢鳃。

地理分布:分布于印度和马来西亚沿岸。我国分布于浙江、福建、广东、广西和海南岛沿岸。

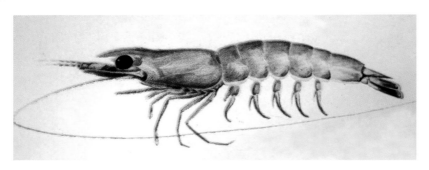

58. 亨氏仿对虾 *Parapenaeopsis hungerfordi* Alcock, 1905

形态特征:甲壳较厚,表面光滑。体表局部着生短毛,体色鲜艳,腹部背面具棕、橙、黑色横带相间,两侧橙黄色,头胸甲两侧黄色或橘黄色,腹肢棕黄色,尾肢末端橙红色。

额角稍直,上缘基部微凸,末半部微向上弯,伸出第 1 触角柄末端之外(雌性比雄性稍长,末端 1/5 超出第 1 触角柄顶端)上缘 7 ~ 8 齿,仅有 2 齿位于头胸甲上(除胃上刺外)。末端 1/5 和下缘无齿。额角后脊很显著,几乎伸至头胸甲后缘,具中央沟几乎伸至脊末。额角侧脊及沟伸至胃上刺的前方消失。眼眶触角沟较浅,肝沟较深,弯向前下方。颈沟较直。腹部第 3 ~ 6 节具背脊,第 6 节背脊末端有 1 锐刺。尾节长为第 6 腹节的 1/3,侧缘无刺。眼柄背面内侧有 1 片状硬突起,末端尖。第 1 触角上下鞭等长。第 3 颚足和第 3、5 对步足伸至第 1 触角柄第 1 节的顶端;第 1 对步足最短,伸不到第 2 触角原肢基部。第 1 ~ 2 对步足具基节刺,不具肢鳃。第 1 ~ 5 对步足具外肢,但第 5 对者较小。

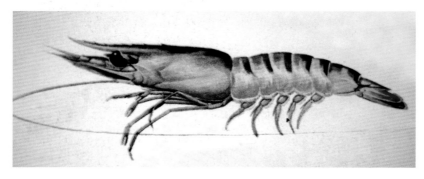

生态和生物学：亨氏仿对虾栖息于 25 m 以内近岸浅海水域，底质为泥和泥沙，常常与哈氏仿对虾和刀额仿对虾混栖。它的个体较小，体长范围为 40 ~ 95 mm。4—10月均有性成熟个体出现，产卵期有两个高峰，第 1 次春季，第 2 次为秋季。性成熟最小体长为 56 mm，性成熟体长为 70 ~ 95 mm。

地理分布：分布于马来西亚及印度尼西亚。我国福建、台湾、广东、广西和海南岛沿岸均有分布。

59. 角突仿对虾 *Parapenaeopsis cornuta*（Kishinouye, 1900）

别名：剑虾。

形态特征：体形较粗壮，甲壳厚，体长 45 ~ 97 mm。额角基部平直，末部上弯，末端尖，伸至第 1 触角柄第 3 节中部附近，体长超过 90 mm 的大形个体额角可伸至第 3 节末端。上缘 7 ~ 8 齿（不包括胃上刺），第 1 齿在头胸甲上，接近前缘。额角后脊的中部有小段较平坦，体长 80 mm 以上的大个体在该处具浅而短的中央沟，由此向额角后脊变宽变低和逐渐不明显，后端近头胸甲后缘。额角后脊两侧有毛，近后缘无毛的一段约占头胸甲长的 1/6。额角侧脊在额角齿与胃上刺之间消失。头胸甲颊角伸出，但不呈刺状。肝沟在肝刺以后的部分几乎与颈沟平行，前面部分向前下方弯，与触角沟下端在颊角的后方相会。

腹部第 3 ~ 6 节具背脊，第 6 腹节长，不足头胸甲长的 1/2，背脊末端及两后侧角具小刺。尾节无侧刺。第 3 颚足指节伸过第 2 触角柄腕。第 1 对步足指节约与头胸甲颊角等长或微超出。第 2 对步足指节末端接近或达至第 2 触角柄腕末端。第 3 对步足掌节多数超出第 2 触角柄腕末端。第 4 对步足指节超出头胸甲颊角。第 5 对步足指节的一半到全部超出第 2 触角柄腕。第 1 ~ 2 对步足两性皆不具基节刺。

生态和生物学：生活于水深 20 m 以内近岸浅海，雌虾大于雄虾，雄虾最大体长为 85 mm，雌虾最大体长为 96.5 mm。体长 40 mm 的雄虾交接器左右分开，体长 45 mm 的雄虾交接器左右合并。渔获体长范围为 50 ~ 75 mm。产卵期 1 年有两次，一为春季；一为秋季。在产卵期间性成熟个体的比例都超过 50%。

地理分布：分布于日本、中国（东海、南海）、印度尼西亚（爪哇）、澳大利亚、斯里兰卡、印度。我国分布于福建、广东、广西和海南岛沿岸浅海，以雷州半岛东岸最多。角突仿对虾常和哈氏仿对虾、亨氏仿对虾混栖，它的栖息环境，虾汛期和哈氏仿对虾相同。

十足目 DECAPODA

枝鳃亚目 DENDROBRANCHIATA

60. 缺刻仿对虾 *Parapenaeopsis incisa* Liu et Wang, 1987

形态特征：体形较粗，甲壳厚，体长 35～75 mm，雌虾大雄虾小。颚角基部平，末端尖而上弯，伸达第 1 触角柄第 2 节末端至第 3 节中部，少数可伸达第 3 节末端。上缘 6～8 齿，多数 7 齿（不包括胃上刺），仅最末一齿在头胸甲上眼眶缘后。额角后脊达头胸甲后缘，脊的宽度前后无显著变化，自中部向后有小段较平坦，但不凹下成沟，大形个体有时具一凹点。头胸甲上心鳃沟以前的部分遍布密毛，以眼眶触角沟中的毛最长。肝沟后部较直，与颈沟接近平行，肝刺以前部分斜向前下方。

腹部第 3 节背面光滑无脊，第 4～6 节具背脊，第 6 节腹脊背脊末端具刺。尾节长为第 6 腹节长度的 1.1～1.3 倍，不具侧刺。第 3 颚足伸至第 1 触角柄第 1 节末端，其指节的全部超出第 2 触角柄腕。第 1 对步足指节最少有 1/2 伸出头胸甲颊角。第 2 对步足指节的一半到全部伸出第 2 触角柄腕。第 3 对步足最长，其掌节甚至长节末端 1/5 伸出第 2 触角柄腕。第 4 对步足掌节的 1/2～1/4 伸出头胸甲颊角。

第 5 对步足指节的 3/4 到全部，有时掌节的 1/3 伸至第 2 触角柄腕。第 1～2 对步足具基节刺和肢鳃，第 3 对步足两性皆无基节刺。本种外形与角突仿对虾和中华仿对虾十分近似，但两性交接器显著不同。采自海南岛三亚的一尾雌虾，体长 63 mm，其第 1 对步足指节仅 1/3 伸出头胸甲颊角，第 2 对步足指节仅 1/3 伸出第 2 触角柄腕，第 5 对步足指节的 1/2 伸出第 2 触角柄腕，比其他的标本的步足明显的短。

生活于水深 30 m 以内砂泥底沿岸浅海，最大雌性体长 74 mm，雄性 63 mm，体长 36 mm 的雄虾交接器左右已合并，小于 36 mm 的个体则左右分离。

地理分布：分布范围较窄，限于珠江口以西海域，包括粤西经海南岛沿岸至北部湾内。常与角突仿对虾等虾类混栖，有一定经济价值。

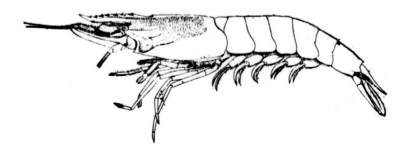

61. 中华仿对虾 *Parapenaeopsis sinica* Liu et Wang, 1987

形态特征：额角基部平直，末端微向上弯，上缘 7～10 齿，多数 8 齿（不包括胃上刺），末端尖，伸至第 1 触角柄第 2 节末部，少数可伸达第 3 节的中部。胃上刺小，尖端向前平伸。额角后脊不达头胸甲后缘，脊的中部向后有短而浅的中央沟，沟前的脊窄，沟后的额角后脊宽。肝沟在肝刺以前部分斜向前下方，肝刺以后部分较直，与颈沟接近平行。具心鳃沟，内生短毛。头胸甲颊角较尖。头胸甲与体长之比两性不同，分别为 0.29～0.30（雄），0.30～0.32（雌）。

腹部第 4～6 节具背脊，背脊末端具刺。尾节长于第 6 腹节，不具侧刺。第 3 颚足伸达第 1 触角柄第 1 节末端。第 1 对步足指节的 1/2 或更少的部分伸出头胸甲颊角。第 2 对步足指节与第 2 触角柄腕等长或超出一部分。第 3 对步足最长，至少掌节的 1/2 伸过第 2 触角柄腕，指节的 1/2～1/3 超出第 3 颚足。第 4 对步足指节全超出头胸甲颊角，有时掌节的一部分也超出。第 5 对步足指节的 1/2 至全部伸过第 2 触角柄腕。5 对步足皆具外肢，第 1～2 对步足具基节刺和肢鳃，第 3 对步足两性皆不具基节刺。

生态和生物学： 生活于泥质砂、粉砂、细砂、中砂及粗砂底质的浅海，水深一般在 50 m 以内。常与刀额仿对虾、哈氏仿对虾、缺刻仿对虾和角突仿对虾相混栖。本种雄虾体长一般 80 mm 以内，雌虾体长可达 95 mm。体长 40 mm 的雄虾其交接器左右分离，即尚未成长。可鲜食或干制虾米，有一定产量。

地理分布： 本种分布范围自台湾经广东沿岸，向海南岛沿岸并进入北部湾内的北海附近。

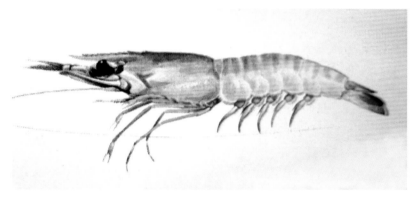

62. 安达曼赤虾 *Metapenaeopsis andamanensis*（Wood-Mason）

形态特征： 最大体长 135 mm，通常 30～60 mm。体表呈淡粉红色。腹部有较深色的不规则短纵纹。腹肢侧面有红斑，尾节后半部红色。大型雌性的第 1 触角鞭及尾肢外肢末端雪白色。额角细长，通常可超过第 1 触角柄的第 3 节中点，上缘具有 6～8 齿，其中 1 齿位于头胸甲上，下缘则无额齿，且略向内凹  进。头胸甲上有眼刺、触角刺、肝刺及鳃甲刺，后下方无发音器。第 2 腹节背缘有一短中央脊，第 4～5 腹节背脊的中央脊末端各具 1 锐利的小刺。

地理分布： 非洲东岸、印度至安达曼群岛、马来西亚、印度尼西亚、日本均有分布。我国分布于香港、台湾、海南岛水深 50～350 m 处。

十足目 DECAPODA

枝鳃亚目 DENDROBRANCHIATA

63. 须赤虾 *Metapenaeopsis barbata*（De Haan, 1850）

别名： 火烧虾、狗虾、大厚壳。

形态特征： 体形较细长，甲壳厚而粗糙有绒毛。体表具棕红色不规则斜斑。

额角较短，平直前伸，末端尖，雌者稍向上扬伸至第 1 触角柄的第 3 节中部或末端，与第 2 触角片末缘大约相齐，长约为头胸甲的 3/5，上缘具 6 ~ 8 + 1 齿（多为 7+1 齿，最后 1 齿为胃上刺）。

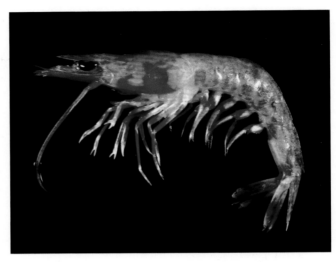

头胸甲近鳃区后缘的摩擦发生器由 18 ~ 24 个小脊构成。眼眶刺显著较小，触角刺及颊刺较大。触角脊稍见痕迹，无肝脊和颈脊。肝沟和颈沟较浅，眼眶触角沟清楚。第 3 颚足较长，约伸至第 1 触角柄第 2 节中部，有 1 基节刺。第 1 对步足伸至第 2 触角柄末端，第 3 对步足最长，伸至第 1 触角柄第 2 节中部。第 5 对步足伸至第 1 触角柄第 1 节末端。第 1 对步足具基节刺及座节刺，第 2 对步足仅具基节刺。

生态和生物学： 须赤虾在南海北部分布范围较广，水深 5 ~ 219 m。它对水温和盐度变化有较强的适应能力。底温 13 ~ 24℃，盐度 31 ~ 34.7，底质自软泥至细砂环境都能适应。须赤虾个体较小，雌虾最大体长为 101 mm，体质量 10.2 g。雄虾显著小，最大体长为 78 mm，体质量 2.2 g。须赤虾一年繁殖两次幼虾。须赤虾食性较广，除摄食底栖生物外，还摄食底层浮游生物和游泳动物。以双壳类、长尾类、珊瑚、桡足类和涟虫类等为主要食物。

渔业： 须赤虾分布广，产量高，是广东、广西和海南重要经济类，它的主要虾场有：粤西东平外海虾场、海南抱虎虾场，主要生活于水深 20 ~ 40 m，底质为泥、泥沙和砂泥的环境，渔汛期为 5—9 月，以 5 月为旺汛，产量较大，在虾类中居第 2 位或第 3 位；粤东的南澳海区虾汛为 12 月至翌年 2 月，须赤虾约占总产量的 15%；海南岛西南沿岸，其中三亚至海头港特别丰富，每年 10—12 月，大量须赤虾聚集以海头港海区为中心，形成以须赤虾为主的虾汛期，须赤虾在该虾场占渔获量的第 2 位。

地理分布： 分布于马来西亚、菲律宾、印度尼西亚、日本、朝鲜。我国分布于浙江、福建、台湾、广东、广西和海南。

64. 硬壳赤虾 *Metapenaeopsis dura* Kubo, 1940

别名： 扬角赤虾、大厚壳虾。

形态特征： 体长 67 ~ 85 mm。甲壳坚厚，体表覆以密绒毛。额角略呈刀形，末半向上弯，约伸至第 1 触角柄第 3 节末部 1/3 处，上缘具 7～9 + 1 齿（最后刺为胃上刺），第 1 齿位于头胸甲前缘上方。头胸甲颊刺较尖而长，眼眶角尖，但不形成眼眶刺，肝沟和触角沟较深。头胸甲后部两侧摩擦发声器由 28～34 个小脊组成排列成弧形。腹部第 3 节后具纵脊。第 3 节纵脊高而锐，表面具深而宽的纵沟。第 6 腹节约为第 5 腹节长的

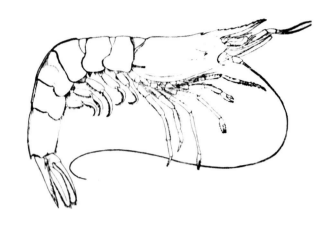

2 倍。尾节略长于第 6 腹节。尾节侧缘亚末端 3 对活动刺由前向后依次增大。第 3 颚足伸不到第 1 触角柄第 1 节末端。第 1 对步足伸至第 2 触角柄原肢第 1 节；第 3 对步足伸至第 1 触角柄第 2 节基部，有些略短，伸不到该柄第 1 节末端；第 5 对步足伸到眼末。第 3 颚足及第 1～2 对步足具基节刺，仅第 1 对步足具座节刺。5 对步足皆具外肢。

地理分布： 迄今只发现于日本和南海东部。我国分布于海南岛东部水深 180 m，和南澳岛沿海水深 46 m 海区。

65. 圆板赤虾 *Metapenaeopsis lata* Kubo, 1949

形态特征： 额角平直前伸，稍向后扬，接近或稍超出第 1 触角柄第 2 节中部、末端，或第 3 节基部 1/3 处，雄性较雌性稍短，上缘具 6～7+1 齿，第 1 齿位置在眼眶前方，锯齿部分稍高于头胸甲背缘和触角末端上缘的水平。胃上刺很小，位于头胸甲 1/4 处。肝刺在胃上刺稍后方，稍低于触角刺。头胸甲表面沟脊不明显，眼后沟、眼眶触角沟、颈沟几乎看不到。鳃区后部无摩擦发声小脊。

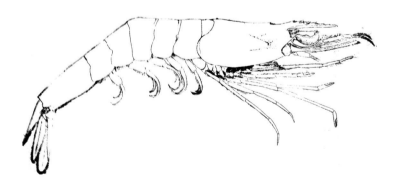

腹部第 2～6 节有中央背脊；第 2 节脊在前半可见，第 3 节的脊后部 2/3 清楚，后端有浅缺刻，4～5 节的脊后端也有缺刻，第 6 节背脊末端有小刺。第 6 节长为头胸甲长的 8/10。尾节末端尖刺状，背面具浅纵沟，具 3 对活动刺，第 1 对位中部稍后，其

十足目 DECAPODA

枝鳃亚目 DENDROBRANCHIATA

后又有 1 对固定刺。

　　第 3 颚足伸至第 1 触角柄第 3 节中部或末端。第 1 对步足超出第 2 触角柄腕，不到眼末。第 3 对步足末端与第 3 颚足相齐。第 5 对步足伸至第 1 触角柄第 1 节末端。尾肢细长，外肢最长，外末角有 1 小刺。

　　地理分布：迄今仅发现于日本和中国。我国分布于海南岛南部及海南岛以东，广东珠江口以南的外海区，水深 103 ～ 472 m。

66. 门司赤虾 *Metapenaeopsis mogiensis*（Rathbun, 1902）

　　形态特征：甲壳坚厚，体棕红色带紫色点状斑纹。头胸甲边缘全为黄色。额角短而平直，匕首状，雌性较平直，长度约为头胸甲长的 1/2，约伸至第 1 触角柄第 2 节中部，上缘具 6 ～ 7+1 齿（最后为胃上刺），雄虾额角上缘呈微凸。头胸甲两侧后缘不具摩擦发声脊。眼眶刺不明显，触角刺及颊刺极发达。头胸甲表面较平，沟脊不明显。

　　第 3 颚足伸至第 1 触角柄第 2 节前端，有基节刺。第 3 对步足伸至第 1 触角柄第 2 节中部。第 2、5 对步足伸至第 1 触角柄第 1 节末端。第 1 与第 4 对步足几乎齐长，伸至第 2 触角柄末端。第 1 对步足具基节刺和座节刺，第 2 对步足仅具基节刺。

　　腹部第 2 ～ 6 节背中脊很明显，第 3 腹节背脊的沟很清楚。第 6 节长约为头胸甲长的 1/2。尾节约为头胸甲长的 3/4。

　　生态和生物学：门司赤虾个体较小，一般体长为 50 ～ 70 mm，体质量为 2 ～ 3 g。雌虾最大体长 81 mm，最大体质量 6.5 g，雄虾最大体长为 74 mm，最大体质量为 5.2 g。9 月至翌年 1 月虾较小，3 月渔获的虾比 10 月渔获的虾体长平均大 7 ～ 10 mm，体质量平均大 0.5 ～ 1 g。

　　地理分布：分布于南非、印度、斯里兰卡、澳大利亚、马来西亚和日本。我国分布于广东、广西和海南岛沿海。水深 12 ～ 48 m。

67. 宽突赤虾 *Metapenaeopsis palmensis*（Haswell, 1879）

　　别名：婆罗门赤对虾。

　　形态特征：额角直，微向上倾斜，其长度为头胸甲的 0.55 ～ 0.6，伸至第 1 触角柄第 3 节中部（雌性）或基部（雄性）。上缘 7 ～ 8+1 齿（最后为胃上刺）。头胸甲表面沟脊不明显，摩擦发声器由 8 ～ 13 个（以 9 ～ 10 个为多数）小脊构成弧形排列。眼眶刺小而明显。触角刺和颊刺大。眼眶触角沟伸至肝刺前方。

第3颚足伸至第1触角柄第3节中部（雄）或第2节中部（雌），有基节刺。第1对步足仅伸至第1触角柄第1节中部，具基节刺和座节刺。第2对步足仅具基节刺。第3对步足超过第1触角柄末端。第5对步足约伸至第1触角柄第1节末端。腹部第2～6节背中脊明显，第3节的脊很宽而深凹成沟。尾节具有3对活动刺，第1对最短，第2～3对等长，其后有1对不动刺。

地理分布：分布于马来西亚、印度尼西亚、加里曼丹、新几内亚和澳大利亚。我国分布于广东、广西和海南岛沿岸水深 10～100m 海区。

68. 中国赤虾（新种）*Metapenaeopsis sinica* sp. nov. Liu et Zhong

形态特征：体长一般 60～80mm。体形较细长，甲壳较厚，全体特别是腹部各节，具有棕赤色斜斑纹。额角平直，刀形，末端尖锐，微微上扬，伸至第1触角柄第2节末端，上缘平直具 7～8 齿（不包括胃上刺）。头胸甲表面沟脊不明显，两侧鳃区近后缘的摩擦发声器由 7～12 个（多数为 12 个）小脊组成，排成新月形。眼眶刺小而明显。触角刺和颊刺很大。触角脊伸至肝脊下前方，颈脊和心鳃脊清楚。颈沟不明显，肝沟勉强可见。

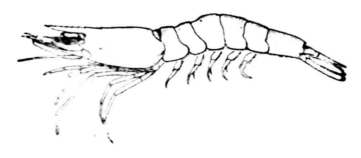

第1触角柄长于额角，伸至或稍超过第2触角鳞片末端。第3颚足伸至第1触角柄第3节中部（雄）或第2节中部（雌），有基节刺。第1对步足仅伸至第1触角柄第1节中部。第3对步足约伸至第1触角柄第3节末（雄）或第2节末端（雌）。

腹部第2～6节背脊明显，第3腹节背脊有清楚窄而深的纵沟。第6腹节最长。尾节3对活动刺，亚末端具1对不动刺。

十足目 DECAPODA

枝鳃亚目 DENDROBRANCHIATA

地理分布： 仅见于南海。分布于广东粤东、粤西，珠江口和海南岛东部和南部，水深 28 ～ 219 m 海域。

69. 音响赤虾 *Metapenaeopsis stridulans*（Alcock, 1905）

形态特征： 体长一般为60 ～ 80 mm。甲壳较厚，体色具有棕赤色不规则斜斑纹。额角较平直，稍短于头胸甲，伸至第 1 触角柄第 3 节末端，上缘具6 ～ 7+1 齿（最后为胃上刺）。头胸甲表面沟脊不明显，两侧后缘具 1 列平直排列的摩擦发声小脊 5 个（少数为 6 个）。眼眶刺很小，颊刺大。无肝脊、心鳃脊。触角脊不明显。眼眶触角沟很浅。

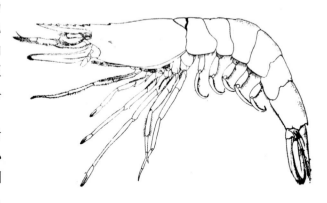

第 3 颚足较长，伸至第 1 触角柄第 2 节末端，有 1 基节刺。第 1 对步足较短，几乎伸至第 2 触角柄末端。第 3 对步足约伸至第 1 触角柄第 3 节末端。第 5 对步足指节超出第 1 对步足末端。第 1 对步足具 1 基节刺和座节刺，第 2 对步足具 1 基节刺。

腹部第 2 ～ 6 腹节背脊极明显，第 3 腹节背脊形成清楚的纵沟。第 6 腹节稍短于尾节。尾节约与头胸甲等长，尾节的后部两侧有 3 对活动刺，其后有 1 对较小的不动刺。

生态和生物学： 音响赤虾个体较小，但与其他赤虾相比，是本属中个体较大的一种。雌虾最大体长为 106 mm，最大体质量 10 g。雄虾较小，最大体长 89 mm，最大体质量为 7.1 g。4—6 月渔获的个体较大，均为成虾，无幼虾。

地理分布： 分布于印度、斯里兰卡、马来西亚、印度尼西亚。我国分布于广东、广西和海南岛沿岸水深 12 ～ 87 m 海域。

70. 托罗赤虾 *Metapenaeopsis toloensis* Hall, 1962

别名： 吐露赤虾。

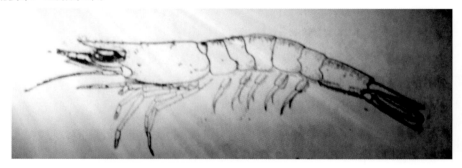

　　形态特征： 体长一般 60～90 mm，体形近似硬壳赤虾，头胸部较肥大，甲厚而粗糙，体色具有不规则棕色斜斑纹。额角短而直，形状似匕首，约为头胸甲长的 1/2，伸至第 1 触角柄第 3 节的中部或末端，上缘齿 7～8+1 齿。头胸甲表面沟脊不明显，后侧缘摩擦发声器共有小脊 18～23 个，排列较紧密。触角刺和颊刺极发达，眼眶刺很小。

　　第 3 颚足伸至第 1 触角柄第 2 节末端或中部，有 1 基节刺；第 1 对步足，伸至第 2 触角柄第 2 节末端；第 3 对步足约伸至第 1 触角柄末端；第 3 对步足约伸至第 1 触角柄末端；第 5 对步足伸至第 2 触角柄末节中部。第 1 对步足具基节刺和座节刺，第 2 对步足仅具 1 基节刺。

　　腹部第 2～6 节背中脊极明显；第 3 腹节背脊很宽，其纵沟宽而深，两侧形成窄而锐的纵脊，后端分叉；第 4 腹节中央脊后部两侧各有一短脊。第 6 腹节最长，约为头胸甲长的 0.4。尾节约为头胸甲长的 0.6；尾节末半部两侧缘具 3 对活动刺，亚末端具 1 对不活动刺；尾肢外肢稍长于内肢。

　　地理分布： 仅限于南海南部与北部附近海域。在南海北部分布于广东、广西和海南岛近海，为常见种。

71. 柔毛软颚虾 *Funchalia villosa*（Bouvier, 1905）

　　形态特征： 体表复以密短毛，附肢密生较长的毛。额角较短，约为头胸甲长的 2/7，末部微向下弯，末端尖，基部较高，上缘和下缘呈微弧形。额角基部高为额角长的 1/3。上缘具 7 齿（包括胃上刺），下缘无齿，额角后脊较低，伸至头胸甲后缘。

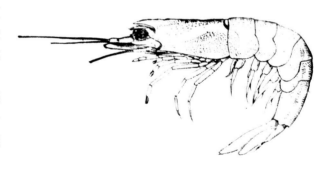

额角侧脊向后延至额角第 2 齿下方消失。头胸甲除具有胃上刺、触角刺和颊刺外，无其他刺（本种幼体时有肝刺，成体无肝刺）。触角脊和眼眶触角沟明显。腹部自第 4 节中部至第 6 节具纵脊和侧隆脊。第 1～6 腹节侧甲向下和向后扩大遮盖腹肢基节的 1/3 和后 1 腹节侧甲的 1/2（第 5 节侧甲遮盖第 6 节前侧甲的 1/3）。尾节末端尖，无固定刺和活动刺；尾肢发达，尾扇外肢与头胸甲等长。

　　第 1 触角柄 3 节，密生长毛，触角柄刺较小，伸至角膜中部。第 2 触角末节甚短，中节较长，其触角鳞片超出第 1 触角柄的顶端。第 3 颚足伸至第 1 触角柄第 1 节末端，末 2 节略等长。第 3～4 对步足约伸至第 1 触角柄第 2 节中部；第 1 对步足伸至第 2 触角柄中节基部；第 2、5 对步足约伸至第 1 触角柄第 1 节中部。第 3 颚足无基节刺，第 1～2 对步足具基节刺和座节刺。5 对步足皆具外肢。

　　地理分布： 分布于大西洋和南非。我国南海中沙群岛为首次发现，分布于中沙群岛礁盘水深 40 m 和南海大陆斜坡水深 500 m 海区。

▮ 单肢虾科 SICYONIDAE Ortmann, 1890

72. 脊单肢虾 *Sicyonia cristata* De Haan, 1850

别名： 冠额单肢虾、石头虾、虎虾。

形态特征： 体有棕色不规则斑点，与披针单肢虾相似，腹部第 1 节背面有两个深棕色圆斑。体形较短，体表粗糙，甲壳坚厚。头胸甲背面和腹部背面及额角齿上有稀疏长毛。额角伸至第 1 触角柄末端，稍大于头胸甲长的 1/2，末端稍向上弯。额角上缘具有 4 齿，顶缘有 3 ~ 4 齿，下缘具 1 齿，额角后脊伸至头胸甲后缘，脊上有 4 齿。肝刺特别粗大，几乎伸至头胸甲前缘。无触角刺及肝沟和颈沟。腹部第 1 ~ 6 节约为头胸甲长的 1.5 倍；腹部第 1 ~ 6 节背面纵脊末端有 1 锐刺。腹部侧甲边缘刺显著，第 1 ~ 2 节两侧各有 2 个；第 3 ~ 5 节两侧各有 3 ~ 4 个；第 6 节两侧后下角和后侧缘中间有 1 刺，前者粗大，后者很小。第 6 节长向相等。尾节窄长，背面具纵沟，末端尖，稍超出尾扇末端，侧缘近末端各有 1 固定刺。

第 3 颚足粗长，伸至第 2 触角鳞片末端，两侧着生许多长刚毛。第 3 对步足最长钳末半超出鳞片末端，第 1 对步足较短，伸至第 2 触角柄腕中部。第 4 ~ 5 对步足伸至第 2 触角柄第 3 节基部附近。第 1 对步足具基节刺和座节刺，第 2 对步足仅具基节刺。胸部附肢自第 2 颚足后皆无外肢。除雄性第 1 腹肢外，腹肢无内肢。

地理分布： 分布于日本东京湾以南的西太平洋沿岸水深为 20 ~ 350 m 海域。我国分布于广东、海南岛沿岸水深 65 ~ 85 m 海域，但数量不多。

73. 日本单肢虾 *Sicyonia japonica* Balss, 1914

形态特征： 成体体长 50 mm 左右，甲壳特别坚厚而粗糙。体形粗短，腹部各节甲壳有明显的沟脊，表面有明显交横切交叉的纵缝。额角短小，为头胸甲长的 1/2 ~ 1/3，约伸至第 2 触角柄第 2 节末端，上缘具 3 ~ 4 齿，下缘雄虾具 2 齿，雌虾具 1 齿。额后脊伸至头胸甲后缘，脊上有 6 齿。头胸甲不具眼眶刺、触角刺、鳃甲刺和颊刺。触角区的前缘凸起，颊角较圆。雄虾肝刺尖锐。肝刺的后面隆起。

十足目 DECAPODA

枝鳃亚目 DENDROBRANCHIATA

　　第 3 颚足发达，侧扁，着生长刚毛；指节超出第 2 触角鳞片末端；外肢退化。第
1 对步足伸至第 3 颚足腕节末端，第 3 对步足最长，螯部超过第 3 颚足指节末端；第 5
对步足伸至第 3 颚足掌节中部，雄虾第 4 对步足基部有 1 长角状突起伸至第 2 节基部。
第 1 对步足具基节刺和座节刺，第 2 对步足仅具基节刺。腹部背面从第 1 节开始具有
中央脊，第 1 ~ 2 腹节背脊前端形成角状突起，第 4 ~ 5 背脊低，第 6 节背脊高，伸
至末端，形成刺状突起。腹第 1 ~ 3 节下缘具 1 刺，第 4 节具有 3 刺，第 5 节具 2 刺。

　　地理分布：分布于日本相模湾以南的西太平洋沿岸，水深为 60 ~ 300 m 海域。我
国分布于广东、广西、海南，水深 82 ~ 135 m 海域。

74. 披针单肢虾 *Sicyonia lancifer* Olivier, 1811

　　形态特征：体棕色。腹部第 1 节背面有两个深棕色圆斑。甲壳坚厚，体表粗糙。
额角伸至第 1 触角柄末端，末端向上弯，上缘具 4 ~ 5 齿，下缘具 1 齿，额角前缘具
2 ~ 3 齿。额角脊隆起呈弧形，伸至头胸甲后缘，脊上具 5 齿。肝刺特别发达，几乎伸
至头胸甲前缘。肝沟较浅，无颈沟。腹部 1 ~ 6 节背面具纵脊。脊上的纵沟以第 3 ~ 4
腹节较发达，第 6 节纵脊末有 1 锐刺；腹部侧甲具锐刺，第 1 ~ 2 节侧甲下缘各具 1 刺，
第 3 ~ 5 两侧各具 3 刺，少数标本第 5 节仅具 2 刺。第 6 节后侧角各具 1 锐刺。尾节
背面两侧各具纵脊，两脊间为纵沟，在尾节侧缘近末端处有 1 对固定刺。

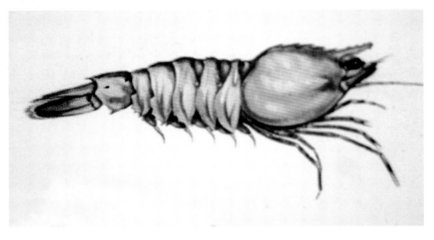

十足目 DECAPODA

枝鳃亚目 DENDROBRANCHIATA

第 3 颚足较粗短，稍超出第 1 触角柄末端，表面着生许长毛。第 3 对步足最长，钳几乎全部超出第 1 触角柄末端，第 1 ~ 5 对步足伸至第 2 触角柄腕中部。第 1 对步足具基节刺和座节刺，第 2 对步足具基节刺。胸部附肢自第 2 颚足之后皆无外肢，除雄性第 1 对腹肢外，腹肢无内肢。

地理分布： 分布于马来西亚、印度、斯里兰卡、阿拉伏拉海和日本。我国分布于广东、广西和海南沿岸，水深 70 ~ 110 m 海域。

75. 弯角单肢虾 *Sicyonia curvirostris* Balss, 1913

形态特征： 额角发达，基部向上斜伸，末半部渐向下弯，约伸到第 1 触角柄基节末端。额角长度约为基部高的 2 倍。上缘具 6 齿，第 1 齿位于眼眶上方。额角后脊发达。伸至头胸甲后缘，背面有两个较粗齿，1 个位于头胸甲前部 1/3 处；另 1 个位于于头胸甲后 1/3 处。头胸甲仅具肝刺。肝沟和眼后沟明显。腹部具许多沟脊。腹部第 1 ~ 6 节背面具纵脊，第 1 腹节纵脊前端具 1 锐刺，第 2 节纵脊前端为锐刺，第 6 腹节纵脊末端和后下角有 1 锐刺。第 1 ~ 2 腹节后下角侧甲较尖。第 4 ~ 5 腹节后下角侧甲近似长方形，明显向后突。第 6 腹节长与高相等，稍小于头胸甲长的 1/2。尾节与尾肢内肢等长，尾节背面纵沟较浅，两侧具纵脊，脊上有 1 列稀疏的微小刺；尾节近末端具 1 对固定侧刺。

第 3 颚足较粗，生密毛，伸至第 2 触角鳞片末端，具基节刺和座节刺。第 1 对步足伸至第 2 触角柄末端；第 3 对步足较长，整个掌节伸出第 2 触角鳞片之末；第 5 对步足伸至第 1 对步足指节中部。腹肢除第 1 对外均无内肢。腹肢之间腹甲有 1 突起。

地理分布： 分布于日本沿岸。我国分布于广东珠江口外海和海南岛外海水深 138 m 处。

樱虾总科 SERGESTIOIDEA

■ 樱虾科 SERGESTIDAE

　　樱虾类中的毛虾种类并不很多，其个体小，但种群数量却常常极大，丰产时数量大得惊人。分布我国的主要种类有中国毛虾、日本毛虾、红毛虾、中型毛虾、锯齿毛虾和普通毛虾。而分布海南的主要品种是日本毛虾和锯齿毛虾，而中国毛虾数量较少。毛虾在海南岛北部琼州海峡、西部和西南部沿岸地区成为桩张网（建网）主要捕捞对象。毛虾在十足类中也是比较原始的类型，形态构造和发育史与对虾很近似。不过生活习性和对虾完全不同，它只能浮游生活于水层中，而不能停留在海底爬行，所以末两对（第4～5对）步足完全退化，毫无痕迹，只剩下前面3对；由于适应游泳活动，上面生满长的刚毛。毛虾喜欢生活于泥沙底质的近岸浅海或内湾，一般深度不超过30 m。在深海远洋见不到。毛虾体小、肉少、皮薄，渔民常把毛虾煮熟晒干或将生虾直接晒干，称为虾皮或毛虾。毛虾又可制成"虾酱"和"虾油"，用以调味或醃制小菜，别有风味。

76. 日本毛虾 *Acetes japonicu* Kishinouye

　　别名：毛虾。

　　形态特征：尾肢外肢外缘无刺，雄性第1触角上鞭抱器有两根大刺。尾肢内肢只有1个大红点（或少数另外还有1～2个极小的红点）。日本毛虾同中国毛虾十分近似，特别是雄虾交接器和雌虾胸部腹面的生殖板，必须小心观察比较，才能鉴别。此外本种尾肢内肢上一般只有1个较大的红色圆点，而中国毛虾却有4～5个或7～8个不等，排成一列。日本毛虾体长比中国毛虾稍小，最大的雄虾体长约35 mm，毛虾的腹眼发达，角膜又大又圆，眼柄很长，即使在比较混浊的水中，也能看到周边的物体。它的第2触角非常发达，触鞭特长，构造也很特殊。毛虾的胸部附肢构造很适于在水层中营完全浮游的生活。第3颚足和3对步足上都生有许多细长的羽状刚毛，大大增加漂浮能力，这对它的浮游生活非常有利。由于它的第4～5对步足完全消失，因此不能在海底爬行活动，在前3对步足末端，虽然还保留已经退化的微小的螯，但基本上没有捕捉食物的能力；它们是以口部的附肢和颚足的刚毛从水体中汲取食物。

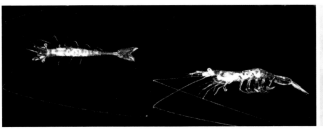

　　生态和生物学：毛虾喜欢生活于泥沙底质的近岸浅海或内湾，一般分布深度不超过30 m，在河口附近很多，但在深海或远洋却见不到。在南方暖海区主产的日本毛虾、

红毛虾和锯齿毛虾向深、浅海区迁移现象不如北方海区产的毛虾显著。毛虾产卵习性和幼体变态情况也十分复杂，共经过9个幼体期才能变成仔虾。日本毛虾一年内繁殖两个世代。初夏产卵孵化出第2世代后，幼虾生长迅速，经两个多月便可长大，到8月即已发育成熟产卵繁殖。这批卵孵化出的第2世代，越过冬季，到第二年夏初即能产卵繁殖。毛虾一年繁殖两个世代，在虾类中仅此一例。

渔业和经济价值：海南毛虾渔业生产历史悠久，一般以桩张网捕捞，主要分布在海南岛北部琼州海峡沿岸和西南部沿岸的海口、澄迈、文昌、乐东、东方和三亚等市县。主产区为海口和澄迈。海南毛虾汛期有两个，最旺汛为6—8月，其次是10—12月。毛虾体小、肉少、皮薄，气温高时鲜虾不易保存，一般多将其捣碎加盐、白酒发酵制成"虾酱"；用盐卤滤出发酵品的液汁，就是"虾油"。虾酱和虾油用以调味，或腌制小菜，别有风味，深受广大消费者的欢迎。有时渔民也把毛虾煮熟晒干或将生虾直接晒干，称为"虾皮"，或剥制小虾米，这些干制品滋味鲜美，营养丰富，价格低廉，很受广大消费者欢迎。

地理分布：日本毛虾主要分布于西太平洋和印度洋热带和亚热带海区。在我国分布于黄海以南海区，以南海产量最大。海南主要分布于海南岛西部、西南部沿岸和琼州海峡。

77. 中国毛虾 *Acetes chinensis* Hansen

在毛虾类中，中国毛虾产量最大，主要产区在渤海，南海区数量较少些。它的身体比其他几种毛虾稍大些，最大的雌虾体长超过40 mm，雄虾超过30 mm。这种虾是中国海域的特有种。中国毛虾同日本毛虾十分近似，特别是雄虾的交接器和雌虾胸部腹面的生殖板，必须小心观察比较，才能鉴别。中国毛虾尾肢内肢上有4～5个或7～8个排成一列的红色圆点（日本毛虾只有1个大的红色圆点）。

地理分布：分布于渤海、黄海、东海西部、南海北部大陆架沿岸浅水。

锯齿毛虾 *Acetes serrulatus* (Kroyer) 分布于广东南部雷州半岛以南的浅海区、海南岛西南部沿岸和琼州海峡的锯齿毛虾，也是海南渔业捕捞对象之一。锯齿毛虾其形态特征是尾肢外肢外缘有毛部分及光裸部分之间有一小刺。雄性第1触角上鞭抱器，有1根大刺。雄性交接器无膜质部，左右肢不连接，中叶冠部末端膨大，顶端有1粗刺，基部无肢突起。锯齿毛虾仅产在广东雷州半岛以南地区，在海南岛较多，多分布于琼州海峡沿岸和海南西海岸的乐东、东方沿岸。以双桩张网（俗称建网、扶网）捕获。

腹胚亚目 PLEOCYAMATA

猥虾次目 STENOPODIDEA

■ 猥虾科 STENOPODIDAE

78. 微肢猥虾 *Microprosthema validum* Stimpson

形态特征： 体长 8 ~ 9 mm，额角细长，约为头胸甲长的 1/2，上缘有 6。头胸甲布满很多棘。腹部平滑，尾肢背部有两条纵走向的背隆起脊，各有 3 棘。第 1 ~ 2 对步脚为钳状，第 1 ~ 2 对步岐细长，指节前端又状分岐。

地理分布： 分布于印度尼西亚、东南亚各国沿岸和美国东部沿岸。栖息于珊瑚礁石海区。我国分布于南海北部、香港和海南岛沿岸。

79. 俪虾 *Spongicola venusta* De Haan

形态特征： 体长约 15 mm，额角短，平直，上缘 8 ~ 10 齿，下缘 3 ~ 4 齿。头胸甲鳃处有 1 棘，背脊的两条隆起脊各有 4 ~ 5 棘。其他步足细长。

俪虾栖息于一种灯笼形状的玻璃海绵的体内，它是在幼体形态刚刚完成以后的幼小阶段进入海绵体内的，幼虾长大后，再也不能钻出，就住在里面，直至老死为止。这类虾常是一雄一雌共栖于同一海绵体内，所以"俪虾"的名称是这样来的，而人们就称这类海绵为"偕老同穴"。

地理分布： 分布于日本九州沿岸、菲律宾诸岛，水深 200 ~ 1 000 m。我国分布于东海和南海北部陆架外缘深水。与六放海绵共生。

80. 猬虾 *Stebopus hispidus*（Olivier, 1881）

形态特征：体长 40 ～ 60 mm。第 1 触角为头胸甲长的 3 倍，第 2 触角为头胸甲长的 4 倍。体上长着无数的棘。第 1 ～ 3 对步足具钳状，第 3 对步足最大，第 1、2、4、5 对步足均细长。以鱼体表寄生虫为食，有"清道夫"之称。抱卵期在 7 月。

地理分布：分布于南海北部、香港、海南。

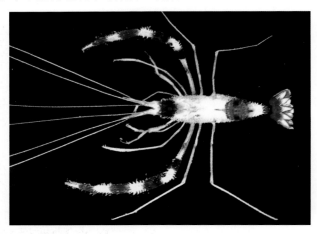

真虾次目 CARIDEA

玻璃虾总科 PASIPHAEOIDEA

■ **玻璃虾科 PASIPHAEIDAE**

81. 海南细螯虾 *Leptocheta hainanensis* Yu [尖尾细螯虾 *L. aculeocauda* Paulson]

形态特征：体长约 18.5 mm。眼窝后缘无刺，外侧角圆。第 5 腹节中线无刺。尾节背面有两对刺。尾节末端刺有 5 对。

地理分布：分布于日本东京湾、印度洋和红海。我国分布于渤海、黄海、东海、南海陆架、海南岛东部陆架水域。

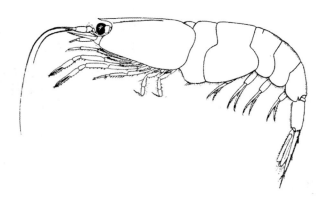

■ 匙指虾科 ADYIDAE

82. 中华新米虾 *Neocaridina denticulata sinensis* （Kemp）

别名：草虾。

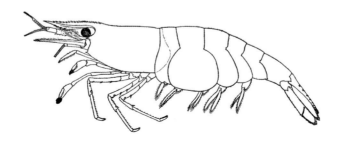

形态特征：体长 20 mm 左右。为小型虾类，体形微侧扁，表面光滑。额角侧扁，较长，长度约为头胸甲的 3/4。通常少有超出第 1 触柄末端者；上缘平直，但基部微微隆起，多具 14～23 齿（有时具 12～25 齿），基部 3～4 齿在头胸甲上，下缘中部以前具 3～5 齿（有时具 2～7 齿）。尾节之长度约为头胸甲的 3/4，为第 6 腹节的 1.2 倍，背面具 4～6 对活动小刺；末缘圆形，但中央呈尖刺状，其两侧共具活动刺毛 10 个，在外侧者最小。

第 1 对步足粗短，伸至第 1 触角柄第 1 节末端附近。第 2 对步足较细长，伸至第 1 触角柄第 3 节基部末端。第 3～4 对步足指节较宽而短，其末端呈双爪状，腹缘有硬刺 5～7 个，基部者最小，长节及腕节外侧近腹缘处皆具活动刺。第 5 对步足最长，伸至第 2 触角鳞片附近，其指节腹缘有梳状刺约 50 个。步足皆具外肢。体色深绿色，背面有棕色斑纹。生活于淡水池沼内水草之间，故通常称为草虾。

地理分布：我国各地均产，产量最大。可鲜食或盐煮后制成卤虾。

刺虾总科 OPLOPHOROIDEA

■ 刺虾科 OPLOPHORIDAE

83. 紫红刺虾 *Acanthephyra pulp* A. Milne-Edwards

形态特征：体长 100 mm 左右。额角细长，上缘 9～13 棘，下缘 4～5 棘，有鳃前刺。第 3～5 腹节背部隆起膈端有棘。尾节有 4～5 对侧棘，全脚有外肢。全脚有发光器。昼间栖息于水深 900～1800 m 处，夜间上浮于水深 900 m 处。

地理分布：广泛分布于太平洋、印度洋和大西洋。我国分布于南海中部、东北部深水区。

十足目 DECAPODA

腹胚亚目 PLEOCYAMATA

线足虾总科 NEMATOCARCINOIDEA

■ 驼背虾科 EUGONATONOTIDAE

84. 厚壳驼背虾 *Eugonatonotus crassus*（A. Milne-Edwards）

形态特征： 体长 100 mm 左右。额角前端扬起向上，上缘 7 ~ 9 齿，甲壳背缘上有 11 个可动齿，下缘 7 ~ 8 齿。有眼上棘、触角棘、鳃前棘。头胸甲侧面有 3 条隆起纵向走线，腹背隆起第 3 节处隆起显著，第 3 ~ 4 节末端有棘。尾节背侧棘 2 对。第 1 ~ 2 对步足钳状，指部的前端为黑角质。后第 3 对步足细长，长节下缘有棘。

地理分布： 分布于菲律宾、日本，分布水深 200 ~ 300 m。我国分布于南海陆坡，分布水深 210 ~ 540 m。

■ 活额虾科 RHYNCHOCINETIDAE

85. 红斑活额虾 *Phynchocinetes uritai* Kubo

形态特征： 体长 45 mm 左右，额角长比头胸甲长而侧扁。上缘基部 2 齿，头胸甲上 2 齿，前端 5 小齿，下缘 7 ~ 8 齿。眼上刺、触角刺大，前触角刺小。尾节背侧缘、末缘各有 3 对棘。第 1 ~ 2 对步足为钳状，后者细长。后 3 对步足比第 2 对步足长，腕节、长节有 2 ~ 3 棘。雌性第 3 腹节背面有圆纹。

地理分布： 分布于日本九州沿岸濑户内海、冲绳。我国分布于台湾、海南沿岸。栖息于低潮线下岩礁性海岸，分布于水深 10 m 的珊瑚礁区。

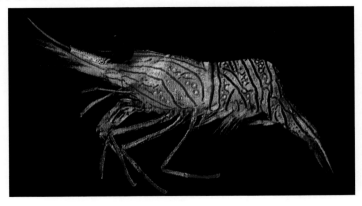

剪足虾总科 PSALIDOPODOIDEA

■ 剪足虾科 PSALIDOPODIDAE

86. 栗刺剪足虾 *Psalidopus huxleyi* Wood-Mason et Alcock, 1892

形态特征： 体长 8 ～ 10 mm。体表有无数的长棘和刚毛密布。额角细长前半部向上扬。第 1 对步足为钳状，两指可动。

地理分布： 分布于日本远州滩、熊野滩、土佐湾，栖息水深 350 ～ 500 m。我国分布于东海和南海陆坡。分布水深 360 ～ 690 m。

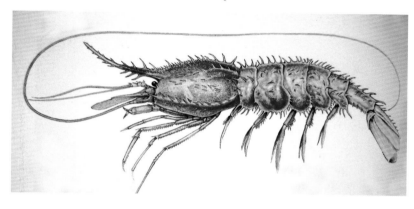

棒指虾总科 STYLLODACTYLOIDEA

■ 棒指虾科 STYLODACTYLIDAE

87. 多齿棒指虾 *Neostylodactylus multidentatus* Kubo, 1942

形态特征： 体长 60 ～ 72 mm。额角细长，上缘 38 ～ 43 齿，其中 10 ～ 12 齿位于头胸甲上，下缘有 14 ～ 17 齿。第 1 ～ 2 对步足长节下缘有多数长刚毛，但没有棘。腕节有很多棘。尾节背侧缘有 4 对棘，末缘有 3 对刺。

地理分布： 分布于日本熊野滩、土佐湾和鹿儿岛以东外海处。抱卵期 2—4 月。我国分布于东海、南海外陆架－陆坡较深水域。栖息水深 300 ～ 349 m。

十足目 DECAPODA

腹胚亚目 PLEOCYAMATA

长臂虾总科 PALAEMONOIDEA

■ 叶颚虾科 GNATHOPHYLLIDAE

88. 美洲叶颚虾 *Gnathophyllum americanum* Guerin-Meneville

　　形态特征： 黑色的身体上有白色横纹的小型虾类。喜欢捕海星为食。夜行动。体长约 1 cm。

　　地理分布： 分布于印度洋和太平洋西部和中部、加勒比海、大西洋西部和东部海区。我国分布于香港、台湾、南海北部浅水水域。

■ 长臂虾科 PALAEMONIDAE

89. 米尔江瑶虾 *Anchistus miersi*（De Man）

　　形态特征： 体长 13 ~ 17 mm。额角短向下，上缘前端有 4 ~ 5 齿，下缘前端有 1 ~ 2 齿。第 2 对步足最大。后边 3 对步足同形。

　　地理分布： 分布于日本八重山诸岛、红海、印度－西太平洋。抱卵期 7 月。我国分布于南海北部沿岸浅水。

90. 翠条珊瑚虾 *Coralliocaris graminea*（Dana）

　　形态特征： 体长 14 ~ 23 mm。额角上缘有 4 ~ 6 齿，下缘有 1 ~ 2 齿，多数上缘 5 齿，下缘 2 齿。

　　地理分布： 分布于日本鹿儿岛和冲绳诸岛，印度－西太平洋，栖息于珊瑚礁间。我国分布于南海北部、香港、海南、西沙。与枝状石珊瑚共栖。

十足目 DECAPODA

腹胚亚目 PLEOCYAMATA

91. 褐点珊瑚虾 *Coralliocaris superba* （Dana）

形态特征：体长约 13 mm。额角上缘有 3～6 齿，下缘近前端有 2～3 棘。尾节的背侧缘有两对，末缘 3 对棘。有额角上棘。第 1～2 对步足钳状。第 2 对步足大，后边 3 对步足指节基部有锐齿。

地理分布：分布于日本冲绳、小笠原群岛，印度－西太平洋珊瑚礁海区。我国分布于南海北部、海南、西沙。与珊瑚共栖。

92. 日本贝隐虾（日本江珧虾）*Conchodytes nipponensis* （De Haan, 1844）

形态特征：体长 16～30 mm。额角上下缘没齿。尾节背侧缘和末缘各有 3 对棘。第 2 对步足最大，后边 3 对步足指节下缘有 2 锐棘，基部也有锐齿。

栖息于潮间带约 20 m 水深处泥质底海区。

地理分布：分布于日本本州、奄美群岛、冲绳群岛，印度－西太平洋海区。抱卵期 6—8 月。与双勃壳贝类共栖。我国分布于台湾、东海、南海北部沿岸水域。

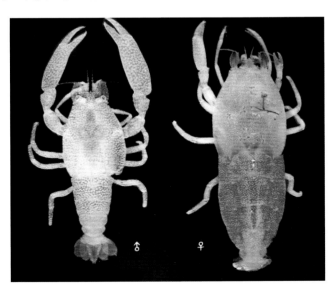

93. 砗磲贝隐虾 *Conchodytes tridacnae* Peters, 1852

形态特征：体长约30 mm，身体背面光滑。额角短，上下扁而不具齿。第4腹节常弯向腹面。尾节背面两侧具3对可动刺。末端有两对等长的刺。眼小。第一触角柄较粗短；第2触角鳞片很宽。第1对步足细弱成螯，二指内缘平直，指节长度约与掌部等长；第2螯足巨大，左右不对称，右螯比左螯大，尤其是掌节特别大，它的可动指内缘有两面三刀粗钝齿，末端钩曲；后3对步足大致同形。指节末端分二叉，它的后缘有一齿状突起。雄性在第2腹肢具雄性突器。常雌雄几只共栖于江珧等贝类外套腔内。

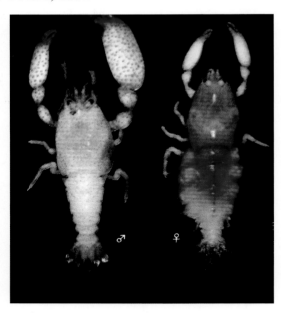

地理分布：分布于日本。我国分布于南海北部和中部。

长臂虾亚科 PALAEMONAE

长臂虾亚科是淡水虾类中经济价值最大的一个类群，其中沼虾属的种类最多，主要分布于淡水水域，一些种是水产养殖的对象。有些种如日本沼虾、海南沼虾在我国分布较广，产量很大，在许多地区是重要捕捞对象，也是我国最主要的淡水经济虾类。

94. 乳指沼虾 *Macrobrachium mammillodectylus*（Thallwitz）

形态特征：额角超出第1触角柄末端，伸至第1～2触角末端的中间位置，一些个体稍稍超出鳞片的末端，在眼的上方稍隆起，一些个体末端向上扬，上缘具11～13齿。有2～3齿在眼眶后的头胸甲上。基部第1～2齿和2～3齿之间距离较其他各齿间之距离为大，而第1～2齿之间的距离最大，一些个体2～3齿也有一较大的距离；下缘具3～4齿。头胸甲除前侧角能见到少数分散的小刺外，其余部分均光滑。肝刺在触角刺的后下方。腹部光滑。右螯稍长于左螯，指节长于掌部的1/2，指节近基部有2齿，圆锥形，切缘两侧各具乳状突起，背侧有12个左右，腹

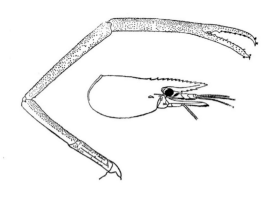

十足目 DECAPODA

腹胚亚目 PLEOCYAMATA

侧有 8～9 个乳状突；不动指基部也具 2 齿，末齿呈圆锥状，位于可动指 2 齿的中部，基齿由 3 个小突起齿并立一起组成，与可动指的基齿的位置相当，在切缘的腹侧有 7～8 个乳状突起，在背侧则见不到有此种结构。在雄性个体后 3 对步足腕节与掌节盖有小刺。体大，一般体长为 120～132 mm，为我国目前已知沼虾属中个体最大的一种（由国外引进的罗氏沼虾除外）。卵小，卵径为（0.69～0.72）mm×（0.56～0.59）mm。

地理分布： 分布于菲律宾至西里伯、新几内亚。我国产于海南岛琼海和陵水两地的万泉河和陵水河。

95. 海南沼虾 *Macrobrachium hainanense*（Parisi）

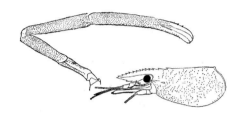

形态特征： 额角超出第 1 触角柄的末端，多半伸至第 1 触角柄与第 2 鳞片之间，少数伸至近鳞片的末端处，眼的上方稍隆起，上缘具 12～14 齿有 3～4 齿在眼眶缘后头胸甲上，第 1 齿与第 2 齿间的距离最大，其余各齿间的距离几相等，末齿仅靠额尖；下缘具 2～4 齿。头胸甲遍布小刺状突起，雄性特别粗而密，雌性小而稀，腹部的颗粒状突起分布在腹甲的边缘，尾节与尾肢上的颗粒状突起明显粗大。第 1 对步足腕节末端约 1/3 超出鳞片末缘，指节短于掌部。第 2 对步足左右等大，雄者显著大于体长，各节表面均密布小刺，雄性长节 1/3～1/2 超出鳞片末缘，雌性仅腕节的 1/2～2/3 超出鳞片末缘。后 3 对步足以第 3 对最为粗大，指节伸至靠近鳞片末缘或稍稍超出。第 5 对步足伸至鳞片的 2/3 处，掌节明显大于指节长的 3 倍。

生态和生物学： 最大体长可达 125 mm，体质量 34 g，一般体长为 80～100 mm。本种虾系栖息于溪河的干道或深潭中，不进小溪生活，因而有"潭虾"之称。产卵期 4—9 月，盛期为 5—7 月。卵径（0.60～0.70）mm×（0.46～0.56）mm。雌虾抱卵数约为 2 000～10 000 粒。所有的沼虾都有一定的经济价值。它的甲壳较厚，生活能力较强，出水后能较长时间不死，容易保持新鲜。烹熟后的虾周身通红，既好看又好食。沼虾通常生活在水草之间，不便使用网捕捞，渔民常用芦苇或竹子编成的长筒状的笼子，里面放上诱饵，虾子入笼易出笼难而捕获。有些是用窝抄式渔具，作业时先将树枝、水草扎成虾窝，置于水中，诱虾前来栖息，然后用抄网把窝中虾取出。

地理分布： 分布于越南、爪哇。我国产于浙江、福建、广东、广西和海南的河流中。在海南岛主要分布在万泉河石壁至加积江段；陵水河陵水江段等。

96. 等齿沼虾 *Macrobrachium equidens*（Dana）

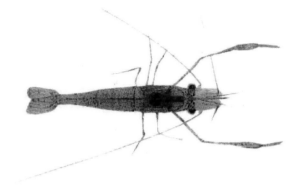

形态特征： 额角伸至或超出第 2 触角鳞片的末端，在眼的上方稍稍隆起，末端向上扬，上缘具 10 ～ 12 齿，有 3 ～ 4 齿在眼眶后缘的头胸甲上，基部的 1 ～ 2 齿和末端的第 2 ～ 3 齿和第 3 ～ 4 齿距离最大，下缘末半有 4 ～ 5 齿。头胸甲遍布有细小的颗粒状突起，以前腹侧的较多而密。腹部遍布小颗粒状突起，在腹甲边缘较多而密，尾肢和尾节密布有粗大颗粒状突起。第 1 对步足腕节约 1/3 超出鳞片的末端。指节短于掌节；第 2 对步足两性均对称，各节表面均盖有小刺，以内侧的刺较为粗大。雄性的第 2 对步足显著长大，两指节的表面均复以密厚毛。雌性较为短小。第 3 对步足相似，由前向后依次变小，第 3 对步足掌节有 1/2 超出鳞片的末端。第 5 对步足掌节末端稍稍超出鳞片的末缘。体具棕色的斑纹，而在两螯上的斑纹则更为显著。体长大者达 90 mm 以上，通常为 70 ～ 80 mm，卵小，卵径为（0.56 ～ 0.66）mm ×（0.51 ～ 0.59）mm。

地理分布： 分布于由非洲直至琉球群岛。我国福建以南沿岸各地均有分布。本种生活于沿岸海域，但有时也能在河口咸淡水中生活。

97. 日本沼虾 *Macrobrachium nipponense*（De Haan）
[*Palaemon sinensis* Heller, 1862]

别名： 青虾、河虾。

形态特征： 头胸部较粗，额角短于头胸甲，约为头胸甲的 0.6 ～ 0.8，伸至或稍稍超出鳞片的末端，上缘平直或稍隆起，具 9 ～ 13 齿，有 2 ～ 3 齿位于眼眶后头胸甲上，雄性头胸甲粗糙，布满了颗粒状突起，腹部的颗粒状突起较少。雌性颗粒状突起在头胸甲、腹部均较少。第 1 对步足螯式腕末超出鳞片。第 2 对步足雄性强大，表面布满小刺，成熟个体通常超过体长，几乎等于体长的 2 倍，长节约 1/2 ～ 1/3 超出鳞片。第 3 对步足雄性掌节末端超出鳞片，雌性仅指节伸至或稍稍超出鳞片。第 5 对步足掌节末端靠近或超出鳞片。后 3 对步足形状相似。体通常呈青绿色，具棕色斑纹，通常因栖息环境的不同而有较大的变化。

生态习性： 生活在湖泊、河流、水库、池沼、溪沟和河口等水域，栖息于水深 1 ～ 7 m 处，尤其是喜栖息于水深 1 ～ 2 m、水质清新、水草丛生、水流缓慢的浅水区。幼虾阶段开始底栖生活，白天多蛰伏在阴暗的水草丛中，夜晚出来活动。幼体具趋光性，常被弱光所诱集，但惧直射光；成虾具负趋光性，日伏暗出。

经济价值： 本种是我国产量最大，分布最广的沼虾，在全国各地均有分布，且产量大，为我国淡水虾中经济价值最高的一种。日本沼虾肉质细嫩，滋味鲜美，据分析，每 100 g 鲜肉中，含蛋白质 16.4 g（比一般鱼、蟹肉高），脂肪 1.3 g，碳水化合物 0.1 g，灰分 1.2 g，钙 99 mg，磷 205 mg，铁 1.3 mg。

繁殖规律： 12 月龄达性成熟，少数个体 5 月龄达性成熟。产卵个体最小体长为 2.4 cm，最大体长为 8.0 cm；怀卵量 600 ～ 5 000 粒；属一次成熟，一次产卵类型，同一生殖季节可连续产卵 2 ～ 3 次，即当次所产的卵子孵化时，又有新的卵子成熟，可接着进行下一次蜕皮、交配和产卵，两次产卵的时间间隔为 20 ～ 25 d。产卵期为 3—11 月。宜产卵水温 18 ～ 28 ℃；交配后 24 h 内产卵，产卵多在夜间，多数亲虾在产卵后两个月内死亡。在适宜条件下，受精卵的胚体经 20 ～ 25 d 孵化。母虾在抱卵后第 12 d 孵出溞状幼体，而后幼体经过 8 期的变态，在孵化后第 19 d 后出现后期虾苗。而孵化出的溞状幼体则饲养在 40% 海水中，水温保持在 22.5 ～ 24.0 ℃。母虾饲养在淡水中。

利用开发： 为优质食用淡水虾类。生长速度快，仔虾 45 d 的生长，体长能达到雌亲虾的长度，为我国淡水虾类养殖品种。适于浮动式网箱、池塘和稻田养殖，可单养也可混养。青虾是我国重要的淡水虾类，由其肉质细嫩鲜美，营养丰富，深受人们的喜爱，在我国长江三角洲地区尤为重视养殖，其价格均比凡纳滨对虾、罗氏沼虾高。自 20 世纪 90 年代开始，日本沼虾普遍出现品种退化现象，严重制约日本沼虾养殖业的发展。从 2002 年开始，中国水产科学研究院淡水渔业中心遗传育种研究室傅洪拓等紧盯这一制约日本沼虾产业发展的难题，开始了日本沼虾育种研究，经历了 10 年攻关，攻克了杂交、选育、脱卵、受精卵离体孵化、麻醉等多项关键育种技术，在国际上首创"沼虾类种间杂交技术"，初步建立了日本沼虾育种技术体系。通过筛选，使用日本沼虾与海南沼虾进行杂交及多代回交选育，一种遗传性能稳定的新的日本沼虾品种培育成功，被命名为杂交日本沼虾"太湖 1 号"。是世界首个人工育成的淡水虾蟹新品种。"太湖 1 号"不仅个头大、虾壳亮、口感甜，更具有强抗病能力。在相同养殖环境下，"太湖 1 号"生长速度能提高 30% 以上，亩产提高 25% 左右，增产显著，单季养殖亩产由原来的 60 ～ 70 kg 提高到 100 kg 左右。

地理分布： 分布于日本、越南、中国、朝鲜。我国各淡水河川、湖泊均有分布。

十足目 DECAPODA

腹胚亚目 PLEOCYAMATA

98. 阔指沼虾 *Macrobrachium latidactylus*（Thallwitz）

形态特征： 体长 60 ~ 75 mm。
额角上缘隆起，伸至第一触角柄的
末端或稍稍超出，上缘具 15 ~ 17
齿，有 4 齿在眼眶缘后头胸甲上；
下缘具 3 ~ 4 齿。头胸甲有颗粒状
突起，近前下角处密而多，腹部光
滑；只有在腹甲的边缘和尾肢有一
些分散的小颗粒状的突起。

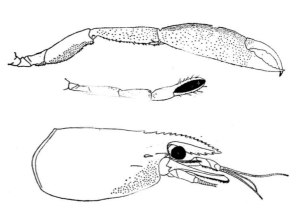

第 1 对步足腕节的末端超出鳞
片的末缘，腕节约为螯长的 2 倍，
指节与掌部约等长。第 2 对步足雄性左右极不对称，不仅大小不同，且形状各异。大
螯长节末端超出鳞片，两指切缘的齿排列成锯齿状，指节短于掌部，掌部非常侧扁而
宽阔，腕节短于掌部，为螯长的 1/2，为长节的 1.3 ~ 1.4 倍，长节大于座节长度的 2 倍。
第 3 对步足指节超出鳞片。第 5 对步足约伸至鳞片的 2/3，掌节约为指节的 2.5 倍。

地理分布： 分布于菲律宾、马来西亚、新几内亚、西里伯。我国分布于海南岛琼
海以及海南岛沿岸。

99. 大螯沼虾 *Macrobrachium grandimanus*（Randall）

形态特征： 个体小，体长 32 ~ 44 mm。卵小，卵径为（0.56 ~ 0.60）mm ×
（0.42 ~ 0.45）mm。

额角平直前伸，末端有时略向上翘，眼的上方常稍隆起，末端超出第 1 触角柄，
约伸至鳞片末端附近；上缘具 14 ~ 16 齿，其中有 4 ~ 6 齿在眼眶缘后的头胸甲上；
下缘具 2 齿。头胸甲粗糙，具许多小刺，肝刺小于触角刺。腹部、尾节和尾肢都具有
分散的小颗粒状突。

第 1 对步足腕节末端超出鳞片
的末端，指节稍稍短于掌部，腕节
稍少于螯长的 2 倍。雄性第 2 对步
足明显地不对称，大螯腕节约 2/3
超出鳞片末端，有许多厚密绒毛覆
盖于两指的基半部，末半有分散的
刚毛，指节基部的 2/3 处，有一稍
大的齿，由此向基部并列有 3 齿，
大齿的前方有一排圆锥形齿，约 17
个；在不动指基部具 1 大齿，自该
齿到基部有一排齿，由 5 ~ 7 小齿

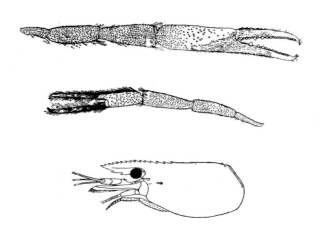

组成，椎形齿分布前端 2/3，由 15 ～ 17 个组成。第 3 对步足指节靠近鳞片的末端，掌节约为指节的 2.5 倍。第 5 对步足伸至鳞片末端附近，掌节约为指节的 3 倍。

体色： 额角中央为棕色，上下缘均为灰白色，自额角至尾节的背侧，有一条灰白色条带，在第 1 ～ 2 腹节灰白色条带中央有一紫棕色纹，第 3 腹节后缘为紫色，将背侧的灰白色纹分成两段，腹部侧面为紫色斑纹。产地：海南岛琼海

地理分布： 分布于中、西太平洋，夏威夷，琉球群岛。我国分布于南海。

100. 南方沼虾 *Macrobrachium meridionalis* Liang et Yan

形态特征： 额角较短宽，眼的上方稍隆起，伸至第 1 触角柄的末缘附近，上缘具 12 ～ 14 齿，基部 5 ～ 6 齿位于眼后眶后方头胸甲上，头胸甲上的齿排列较稀，额角上的齿由基部至末端依次渐紧密；下缘具 3 ～ 4 齿。头胸甲和腹部均光滑，无颗粒突起。体长 50 ～ 60 mm。体呈黄色，腹部具翠绿色花纹。

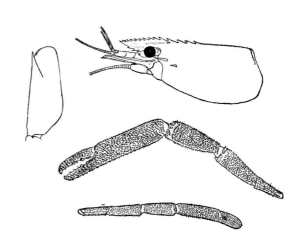

地理分布： 分布于海南岛南渡江金江江段。

101. 粗糙沼虾 *Macrobrachium asperulum*（von Martens）

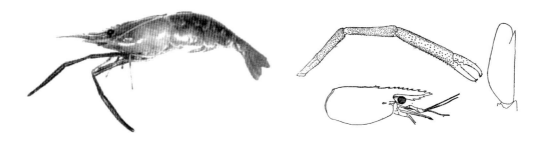

别名： 黑壳沼虾。

形态特征： 额角短而宽，伸至鳞片的末端，上缘几乎平直，有时在眼柄的上部稍稍隆起，具 8 ～ 12 齿，基部的 2 ～ 3 齿或偶有 4 齿位于眼眶后缘的头胸甲上，末端 3 齿间距通常大于中部各齿之间；下缘具 2 ～ 3 齿。头胸甲粗糙，在头胸部、腹部和尾节都布满颗粒状突起，腹部背面平滑，体表颗粒突起，雄者较雌者明显。

第 1 对步足腕节末部超出鳞片末端。第 2 对步足对称，粗壮，表面布满小刺。后 3 对步足粗短，各节均布小刺。第 3 对步足约伸至鳞片末端。第 5 对步足约伸至鳞片的

2/3 处，掌节约为指节的 3 倍。

　　体长 50 ~ 70 mm。卵大，卵径（150 ~ 1.76）mm×（1.08 ~ 1.26）mm。体呈青绿色或棕色，背面具 1 条黄色纵带，两侧为青褐色。

　　地理分布： 分布于长江中下游及其南方各地（江苏、浙江、福建、江西、广东、安徽）以及西伯利亚东南部。

102. 美丽沼虾 *Macrobrachium venustun*（Parisi）

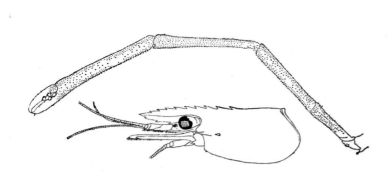

　　形态特征： 额角伸至鳞片末端附近，上缘隆起，具 7 ~ 9 齿，基部 2 ~ 3 齿位于眼眶缘后头胸甲上；下缘具 2 ~ 3 齿。触角刺向前平伸，肝刺小，位于触角刺的后方。头胸甲具颗粒状突起，前侧角更为密集。腹部背面光滑，腹甲的边缘具较密集的颗粒状突起。体长为 50 ~ 60 mm。卵大，卵径（2.0 ~ 2.04）mm×（1.4 ~ 1.5）mm。

　　地理分布： 分布于南渡江金江江段和五指山市南圣河通什河段。

103. 纤瘦虾 *Leander urocaridella* Holthuis

　　形态特征： 额角细长，末端向上扬起很高，通常超出头胸甲的 2 倍，约有一半的长度超出鳞片的末端，上缘具 8 ~ 10 齿，基部 2 齿位于眼眶缘后的头胸甲上，第 1 齿位于头胸甲的中部，第 1 ~ 2 齿间的距离大于第 2 ~ 3 齿间者，第 1 ~ 3 齿特别大，且大小略等，下缘具 7 ~ 13 齿，基部的齿大而排列紧密，末端的齿较稀疏，在其基部的每边各腹以腹向的毛，覆盖下缘的基部齿。头

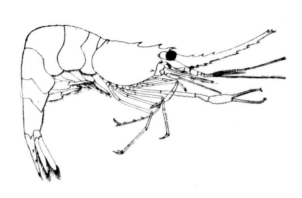

胸甲前端圆突的下方具一发达的角触刺，鳃甲刺在头胸甲前缘稍后。其末端伸至头胸甲近前缘处。尾节其背面具 2 对背刺，前对位于尾节的中部附近，后对的位置稍靠近

前对，与尾节的末端稍远离，末端中央呈尖刺状，后侧甲具 2 对刺，外侧刺很短小，内侧刺很粗大，在两内侧刺间具 1 对羽状刚毛。

第 1 对步足超出鳞片末端；第 2 对步足对称，腕节伸至鳞片末端；第 3 对步足指节 1/3 ~ 1/2 超出鳞片，掌节后缘具分散的刺，最末者最为粗长。雄性第一腹肢之内肢具一发达的内附肢。

体长 31 ~ 40 mm。卵小而多，卵径为（0.67 ~ 0.72）mm×（0.52 ~ 0.57）mm。

地理分布：分布于海南岛、南海北部、广东、北部湾沿岸浅水。

104. 宽额拟瘦虾 *Leandrites deschampsi*（Nobili）

形态特征：额角长而宽阔，中部向下凹，末端向上扬，上缘具 11 齿，基部 2 齿位于眼眶后缘的头胸甲上，末齿靠近额角的尖端，第 1 ~ 2 齿间的距离大于第 2 ~ 3 齿，每齿的前方有一单行的刚毛；下缘末半具 5 齿。头胸甲平滑，额角刺强壮。尾节细长，背面具 2 对背刺，第 1 对位于尾节中部，第 2 对位于第 1 对和尾节后缘之间的中部，后末端中央具一圆突，两侧各具 2 刺，外侧刺较短，与两背刺大小形状均为相似，内侧刺粗长。

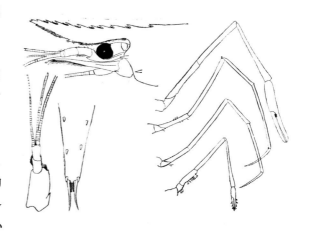

第 1 对步足腕节伸至鳞片的末端；第 2 对步足腕节约一大半超出鳞片；后 3 对步足细长，第 3 对步足掌节约 1/2 超出鳞片末端，其后缘不具刺；第 5 对步足掌节约 1/2 超出鳞片的末端。

体呈灰白色。体长 31 mm。卵径为（0.60 ~ 0.61）mm×（0.51 ~ 0.52）mm。

地理分布：分布于新加坡。我国分布于南海北部沿岸水域、广东海康和海南。

105. 长足拟瘦虾 *Leandrites longipes* Liu, Liang et Yan, 1990

形态特征：额角细长，末半向上高高扬起，有约一半超出鳞片末端，上缘具 7 齿，有 2 齿位于眼眶后缘的头胸甲上，基部 1 齿约位于头胸甲基的中部，第 2 ~ 3 齿紧靠在一起，位于眼的上方，第 4 ~ 5 齿位于额角的中部，末端有两个附加齿；下缘具 9 ~ 10 齿。头胸甲具触角刺和鳃甲刺。尾节其背面具两对背刺，尾节后端呈尖刺状，后侧角具两对刺，外刺小于内刺。

第 1 对步足腕节稍稍超出第 1 触角柄末端，指节长于掌节；第 3 对步足对称，伸直时其腕节稍稍超出鳞片末端，两指较短粗，不动指切缘的基部具 1 齿，可动指具 1 大 2 小齿，大者位于不动指齿的前方，小者位于基部；第 3 对步足的腕节约 1/3 超出第 1 触角柄的末端，

十足目 DECAPODA

腹胚亚目 PLEOCYAMATA

掌节的后缘具6枚微小刺；第5对
步足腕节约1/2超出第1触角柄末端，
掌节后缘亦具6枚极微小细刺。雄
性第1腹肢内肢具一发达的内附肢。
体长为32～38mm。卵径为（0.68～
0.78）mm×（0.54 ～ 0.59）mm。
体透明，全身遍布大而圆形紫红
色斑点十数个。尾肢末部具紫及
黄色斑。

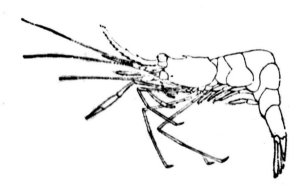

　　本种额角形状和齿的分布很像纤瘦虾，但其大颚无触须，最易区别。额角长而向
上弯曲，上缘基部有1齿位于头胸甲的中部。

　　地理分布：分布于海南三亚、南海和北部湾浅水。

106. 巨指长臂虾 *Palaemon macrodacttylus* Rathbun

　　形态特征：体长30～35mm，
体形极似锯齿长臂虾。额角约与
头胸甲等长，上下缘间甚宽，基
部平直，末部向上弯曲，上缘具
10～13齿，末端附近又有1～2
附加齿，下缘具3～5齿。腹部各
节圆滑无脊，仅第3节后部稍有隆
起之趋势。第1对步足钳的全部皆
超出第2额角鳞片末端，掌节与指

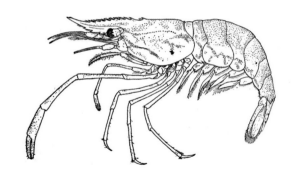

节等长。第2对步足甚强大，其腕节之大半或全部超出第2额角鳞片末端。末3对步
足指节较锯齿长臂虾细长，颇易区别。第3对步足指节长度为其基部宽度的5倍左右，
掌节亦较细，腕节等于或稍长于指节。第5对步足指节长度为其宽度的6倍左右。

　　体躯透明，稍带黄褐色及棕色斑纹，与锯齿长臂虾相似，但背面条纹比较模糊不清。
卵棕绿色。生活于泥沙底之浅海，有时在河口也可采到，分布广。繁殖季节4—8月。

　　地理分布：分布于黄渤海沿岸。中国海域沿岸浅水及河口水域。

107. 太平长臂虾 *Palaemon pacificus*（Stimpson, 1860）

　　形态特征：体长28～39mm。甲基壳较坚硬而粗糙。额角与头胸甲等长或稍长，
前半部急向上弯曲，上缘具10～12齿，以10齿为多，末端有1附加齿，形成叉状，
其后方的3齿于头胸甲上，下缘膨突，一般具4齿。头胸甲 仅具触角刺及鳃甲刺。腹
部背面圆而无脊，但稍粗糙。尾节后半部有两对活动背侧棘，末尖突，两侧有活动刺两对，
外侧者甚短小，内侧者粗大，其腹缘1对细长的羽须。第3颚足伸至第1触角柄第3

节末端附近。第 1 触角柄刺伸至第 1 节之中部。第 1 钳足末端微微超出第 2 触角鳞片，第 2 钳足较大。末 3 对步足同形，指较细长，掌节后缘具 4 ～ 6 个活动小刺，第 3 对步足指节比腕节稍短。

体色： 在头胸甲散布许多不规则的黑褐色条纹，腹部均以点条密布；尾节及尾肢背面显现同样色彩。本种与巨指长臂虾相似，唯第 2 对步足较短，额角急向上曲，甲壳粗糙而坚硬，与体斑纹不同。抱卵期 4—9 月。可食用、当钓饵。

地理分布： 分布于日本北海道至九州沿岸，红海、印度－西太平洋、夏威夷诸岛沿岸，栖息于外洋性岩礁海草海区。我国分布于浙江以南各海区沿岸浅水及台湾。

108. 锯齿长臂虾 *Palaemon serrifer*（Stimpson）

形态特征： 体长 25 ～ 40 mm。额角较短。额角长等于或稍短于头胸甲，伸至第 2 额角鳞片附近，末端平直，不向上弯曲。额角侧面较宽，上缘具 9 ～ 11 齿，末端附近有附加小齿 1 ～ 2 个（通常与上缘末齿相距很远），下缘具 3 ～ 4 齿。头胸甲基的触角刺与鳃甲基刺大小相似，皆伸出头胸甲的前缘。腹部各节背面圆滑无脊，仅第 3 节末部中央稍稍隆起；第 6 节为其高度的 1 倍多；尾节较短，尾节之后侧缘之刺较粗大。第 1 触角柄刺伸至第 1 节之中部，第 1 节的外末角刺伸至第 2 节中部。第 3 颚足伸至触角柄的末端。第 1 对步足细小，伸至第 2 触角鳞片末端，或稍微超出。第 2 对步足较长，钳的全部或腕的 1/2 超出第 2 触角鳞片的末端。末 3 对步足形状相同，掌节后缘皆具活动小刺 4 ～ 6 个。第 3 对步足之指节超出第 2 触角鳞片，指节很短而宽，掌节很粗其长度为指节的 3 倍。第 5 对步足指节长度为其宽度的 4 ～ 5 倍。体无透明，头胸甲基有纵行排列之棕色细纹，腹部各节有同样的横纹及纵纹。

地理分布：中国各海区沿岸水域。

109. 博氏拟长臂虾 *Palaemonella pottsi*（Borradaile, 1898）

形态特征：体长 7.5 ~ 20 mm。额角短上缘 5 ~ 7 齿，下缘有 1 ~ 2 齿。第 2 对步足大，其长节后缘前端，后缘前端有棘。第 3 ~ 5 对步足细同形。指节后缘之前端有弯入。色斑有所变异。

地理分布：分布于日本南纪、新加坡、新几内亚、东南亚诸岛。我国分布于广东沿岸和海南岛北部沿岸海域。

110. 短腕滨虾 *Periclimenes brevicarpalis*（Schenkel）

形态特征：体长约 15 mm。额角短于头胸甲基 1/2，上缘 5 ~ 6 齿，下缘有 2 齿。尾节比第 6 腹节长，背侧缘后半部有 2 对、末缘 3 对短棘。5 对步足比较短，第 1 ~ 2 对步足钳状，第 1 对步足细而小。第 2 对步足最大掌部比指部短。有触角上棘、肝上棘。

地理分布：分布于日本南纪以南，印度 – 西太平洋珊瑚礁区浅海。我国分布于南海北部广东、香港、海南沿岸和南沙，与大海葵共栖。

111. 有刺滨虾 *Periclimenes spiniferus* De Man, 1902

形态特征：体长约 12 mm。生活时体背面为赤褐色，眼间有 5 条纵走纹，额缘部有 4 条斜走纹。额角和头胸甲等长，上缘 5 齿，下缘有 3 齿。第 2 对步足细长，左右不等长，步足比体长。尾节背侧缘有两对棘。有眼上棘、额角上棘和肝上棘。栖息于珊瑚礁间。抱卵期 7 月。

地理分布：分布于日本八重山群岛、印度洋 – 西太平洋沿岸。我国分布于南海中部水域。

异指虾总科 PROCESSOIDEA

■ 异指虾科 PROCESSIDAE

112. 日本异指虾 *Processa japonica*（De Haan, 1844）

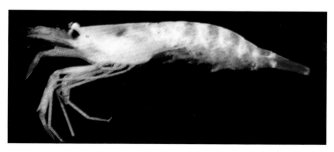

形态特征： 体长 30 ~ 40 mm。头胸甲及腹部近圆柱形，且无脊突起。额角短，不达眼的末端，上下缘无齿。第 3 颚足长大，超过第 1 触角鳞片。第 1 对步足短，且粗大，左右不对称，缺外肢，一侧为螯状，一侧简单。第 2 对步足细长，腕节、长节由多数节组成，第 3 对步足细，比第 2 对步足长且较粗，末节爪状。尾节的背侧缘、末缘各有两对棘。抱卵期 4—10 月。

地理分布： 分布于日本东京湾、长江崎。我国分布于浙江沿海水深 50 m 粉砂质海区。东海、南海浅水。

鼓虾总科 ALPHEOIDEA

■ 鼓虾科 ALPHEIDAE

113. 短脊鼓虾 *Alpheus brevicristatus* De Maan, 1844

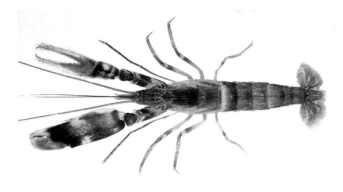

形态特征： 体长约 67 mm。额角短而棘状。第 1 对步足强大，左右不对称，大足的掌部比指部长 3 倍，可动指比不动指重厚。小足指部长于掌部的 3 倍，两指细长。栖息于潮间带砂泥底。为近海海域固有种类。可供作重要钓饵。

地理分布： 分布于渤海、东海、香港和南海北部沿岸浅水。

十足目 DECAPODA

腹胚亚目 PLEOCYAMATA

114. 牛首鼓虾 *Alpheus bucephalus* Coutiere, 1905

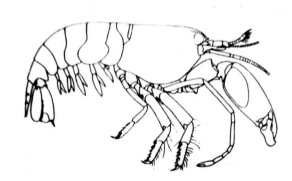

　　形态特征：体长约 15 mm。额角有 1 短棘伸达第 1 触角第 1 节。第 2 触角柄先端没有棘。大钳段雌雄同长。小钳长为头胸甲长的 1/2。抱卵期 7—8 月。栖息于造礁珊瑚礁枝间。

　　地理分布：分布于日本奄美大岛至八重山群岛、印度－西太平洋、夏威夷诸岛。我国分布于西沙、海南浅水。

115. 突额鼓虾 *Alpheus frontalis* H. Milne-Edwards, 1837

　　形态特征：体长约 30 mm。没有额角。第 1 额角棘未达柄前端。第 2 额角外肢柄比较短。第 1 对步足左右不同，雌性钳部重厚，雄性大钳长为头胸甲的 1.5 ~ 2 倍，雌性为 1.5 倍。

　　地理分布：分布于日本奄美大岛至八重山群岛，印度－西太平洋沿岸。我国分布于广东、海南沿岸浅水。

116. 细足鼓虾 *Alpheus gracilipes* Stimpson, 1860

　　形态特征：体长约 18 mm。第 2 ~ 5 对步足细长，生活时腹部第 1 ~ 5 节浓青色圆斑点（第 1 节上下两个，其他为 1 个）这是与其他种区别之处。第 2 触角外肢柄比较长。第 1 对步足左右不对称，大足的掌部比指部长 2 倍，指部 2 指重厚闭合交叉。栖息于珊瑚礁枝间。

　　地理分布：分布于日本奄美大岛至八重山群岛，印度－西太平洋沿岸。我国分布于南海北部。与珊瑚共栖。

117. 刺螯鼓虾 *Alpheus hoplocheles* Coutiere

形态特征： 体长 30 ~ 50 mm。体形很似日本鼓虾，但体躯及大、小螯皆较粗短。额角较短仅伸至第 1 触角柄第 1 节外露部分 2/3 处。额角后脊很明显，其两侧之沟也较深。尾节很宽，背面中央有很窄而明显的纵沟，沟两旁的活动刺较大。第 1 触角柄刺较窄，末端很尖，伸至第 1 节之末缘。第 2 触角鳞片末端刺超出第 1 触角柄末。第 3 颚足较长。第 1 对步足的大螯甚粗短而厚，小螯也很粗短，钳之长度为其宽度的 3 ~ 4 倍。第 2 对步足腕节的第 1 节稍长于第 2 节。第 3 ~ 4 对步足掌节腹缘之活动刺数目较多，第 3 对步足为 6 ~ 8 个，第 4 对步足为 12 ~ 14 个。第 5 对步足掌节腹缘也具小刺 7 ~ 8 个。体色浓绿，大小螯之背面也为绿色，尾肢末半部呈深蓝色。多潜伏于潮线附近的砂泥中或碎石下，肉可食，繁殖时期多在秋季。

地理分布： 分布于我国海域沿岸浅水。

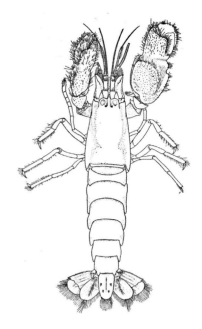

118. 日本鼓虾 *Alpheus japonicus* Miers, 1879

形态特征： 体长 30 ~ 55 mm。额角稍长而尖细，几将伸至第 1 触角柄第 1 节末端。额角后脊较宽而短，两侧沟甚浅，仅至眼的基部。第 1 触角柄较短，其长度为头胸甲的 2/5。第 2 触角鳞片外缘末端之刺伸至第 1 触角柄第 3 节中部或末端附近。尾节背面光滑，有时中部较平，但无纵沟。第 3 颚足伸至第 1 触角柄末端或稍超出之。大螯细长，钳之背面稍凸，腹面较平，其长度约为宽度的 4 倍。小螯特别细长，长度不小于大螯的长度；钳之长度约为掌宽的 10 倍；大、小螯之长节内侧腹缘末端各具 1 尖刺。第 2 对步足腕的第 1 节长于第 2 节。第 3 ~ 5 对步足的指较尖细，为三棱形的爪状。第 3 ~ 4 对步足掌节腹缘的活动刺较长。

体色： 体背面棕红色或绿色。头胸甲中部背面肝区前方及心区各有一半环状斑纹，两斑之间及鳃区皆为白色，腹部每节的前缘亦为白色，后缘颜色很浓。生活于泥沙底的浅海。

地理分布： 分布极广，为我国沿岸常见种，产量颇大，为定置张网捕获之虾类中多掺杂有此种。我国南北沿岸浅水区均有分布。

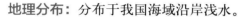

十足目 DECAPODA

腹胚亚目 PLEOCYAMATA

119. 叶齿鼓虾 *Alpheus lobidens* De Haan, 1849

　　形态特征： 体长约 25 mm。大钳脚长节下侧内缘有 1 齿，指部比掌部较短。小钳脚指部与掌部同长，可动指背侧扁平其两侧有毛列。栖息于潮间带砂泥的小石底下，为常见的普通种。

　　地理分布： 分布于日本、地中海东部、非洲东海岸，印度－西太平洋沿岸。我国分布于南海北部广东、海南沿岸浅水及潮间带。

120. 珊瑚鼓虾 *Alpheus lottini* Guerin, 1830

　　形态特征： 体长约 40 mm。额角超过第 1 触角柄的第 1 节前端，第 1 触角棘比较短。第 2 触角外肢比第 1 触角柄长。第 1 对步足掌部强大长而宽。左右侧长节内缘有数枚可动棘。后 3 对步足的前节内缘有数枚棘。雌雄成对栖息于珊瑚礁枝间。

　　地理分布： 分布于日本东京湾至八重山群岛发达的珊瑚礁区海域，印度—西太平洋。我国分布于海南和西沙。

121. 厚螯鼓虾 *Alpheus pachychirus* Stipson

　　形态特征： 体长约 20 mm。额角前缘中央有 1 短棘。第 2 触角外肢锐同第 1 触角柄等长。雄性大钳为头胸甲的 1.3 ~ 2 倍，雌性为 1 ~ 1.2 倍。栖息于珊瑚礁枝间。

　　地理分布： 分布于日本奄美大岛至八重山群岛、印度－西太平洋沿岸。我国分布于西沙珊瑚礁区。

122. 扭指合鼓虾 *Synalpheus streptodactylus* Coutiere, 1905

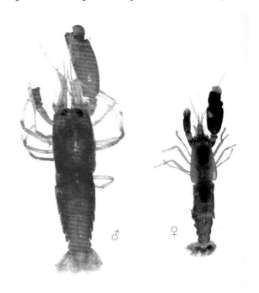

形态特征： 体长约 15 mm。额角针状伸至第 1 触角柄第 1 节前端。雄性大钳为头胸甲长的 1.3 倍。后方 3 对步足指节末端双叉。

地理分布： 分布于日本福冈县、冲绳岛西外海，印度－西太平洋沿岸。分布水深10 ～ 85 m。我国分布于南海北部及香港水域。

123. 瘤掌合鼓虾 *Synalpheus tumidomanus*（Paulson, 1875）

形态特征： 体长约 30 mm。额角针状伸至第 1 触角第 1 节末端。第 2 触角外肢棘伸达柄的末端。雄性大钳为头胸甲长的 1.3 倍，雌性也略为同长。指部比掌部短。后 3对步足的指节末端双叉。栖息于珊瑚礁枝间。

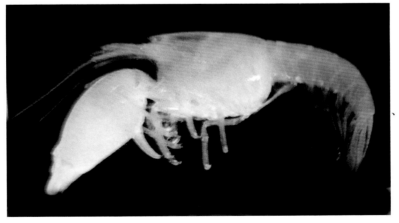

地理分布： 分布于日本千叶至冲绳诸岛，印度－西太平洋沿岸。我国分布于南海珊瑚礁盘海域。

十足目 DECAPODA

腹胚亚目 PLEOCYAMATA

■ 长眼虾科 OGYRIDAE

124. 东方长眼虾 *Ogyrides orientalis*（Stimpson）

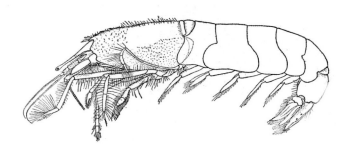

　　形态特征: 体长15～25mm。体形细长而圆。额角短小，背面略呈三角形，末端稍圆，不呈刺状，上下缘皆不具锯齿。头胸甲仅具微小的触角刺，背面中央前半部有纵脊，脊之前部具活动刺3～5个。头胸甲表面有许多小凹点及短毛。额角及头胸甲背面之毛较长。尾节宽圆，呈舌状。背部中央纵行凹下，其两侧有活动小刺两对，尾节侧缘在中部的前方处稍向外突出，后侧角有小刺两对。尾节末缘圆形，边缘具羽状毛。眼很小，但眼柄特长，眼柄基部较粗，末部甚细。第1触角柄第1节最长，柄刺末端双叉。其外侧之刺较长。第2触角鳞片很短，伸至第1触角柄第2节末端附近，呈半椭圆形，内缘凸出，末端尖刺状；第2触角柄甚长，伸至第1触角柄末端。第3颚足细长，呈棒状，具外肢，其末端第2节之半或大半超出眼末，末节甚短，长度仅为末节第2节者之半。第1对步足较第2对步足为短。第2对步足之腕由4节构成，第1节最长，后3对步足之指节皆是长叶片状，末端圆形无爪，第5对步足边缘遍生刚毛。第3对步足最短而粗，第4对步足最长，第5对步足最细。

　　体色: 生活时体色透明，全身散布着红色及黄色斑点，以腹部各节的后缘较多。生活于泥底或砂底的浅海，通常潜伏于砂泥之中。繁殖季节在夏秋之交。

　　地理分布: 我国海域自北至南海北部沿岸浅水均有分布。

125. 纹尾长眼虾 *Ogyrides striaticauda* Kemp

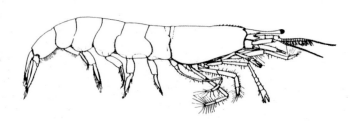

　　形态特征: 体长约12mm。眼柄细长伸达第1触角柄上。头胸甲背正中线上列7～10棘至额缘附近。第1～2对步足钳状。第2对步足腕节有4分节。尾节短于尾肢，背侧后部末端两侧缘各具两对棘。栖息于浅海内湾砂泥底。抱卵期5—8月。卵径0.3 mm。卵为绿色。

　　地理分布：分布于日本刚山县笠刚湾。我国分布于黄海、东海及南海北部的潮间带及浅海。

■ 藻虾科 HIPPOLYDIDAE

126. 脊额外鞭腕虾 *Exhippolysmata ensirostris*（Kemp）

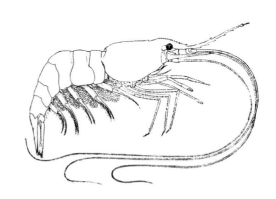

　　别名：脊额鞭腕虾。

　　形态特征：体长22 ~ 44.5 mm。额角长，其长度约为头胸甲的1倍多，其基部有鸡冠状脊突。头胸甲的前侧角颊刺粗大如触角刺。尾节末端尖。栖息于水深30 m以下，底质为粉砂质黏土软泥。

　　地理分布：分布于我国东海、南海北部浅水。印度沿岸等地也有分布。

127. 水母虾 *Latreutes anoplonyx* Kemp

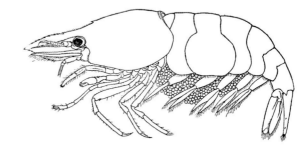

　　别名：海蜇虾。

　　形态特征：体长30 ~ 25 mm。体形雌性较雄性粗大。额角侧扁，上下缘之间极宽，侧面略呈三角形，下缘自眼的前方极度向腹面伸展，向前渐窄，末端呈箭头状。额角之形状雌雄不同，雌性较短而宽，雄性较长而窄。额角的齿数变化较大，通常上缘具7 ~ 22齿，下缘6 ~ 11齿；齿甚小，有时不甚明显，上缘末端附近的2 ~ 3齿尤小。头胸甲具胃上刺和触角刺，前侧甲锯齿状，具小齿8 ~ 12个，胃上刺较小，距头胸甲前缘甚近，刺后方之纵脊较低。腹部雌性较雄性粗而短，背面圆滑无明显之纵脊。尾节末端较宽，中央突出尖刺，刺的两侧有活动刺长短各1对。尾节末半之边缘具羽状毛，背面有活动小刺两对，甚接近其边缘。眼甚短粗，眼柄宽于角膜，不具单眼。第2触角鳞片短于额角，其长度为宽的4倍，自中部向前渐窄，末端形成1尖刺。

　　第1对步足最短，伸至第1触角柄第1节末端附近，指节稍短于掌节腕节。第2

对步足细长，其钳完全超出第 1 触角柄末端；掌稍长于指，腕由 3 节构成，以第 2 节为最长。第 3 对步足最长，雌性其指的全部或大半皆超出第 2 触角鳞片；雄性则不及鳞片的末缘；掌长约为指长的 2 倍半；指甚细长，末端单爪，腹缘具刺毛 1 根及细刺 4～5 个；掌节腹缘具细小的刺 5～6 个；长节末端外侧有 1 活动刺。第 4～5 对步足构造与第 3 对步足相似。尾肢与尾节等长，其外肢之外末角有 1 活动刺。

体色为棕红色间以黑白斑点，头胸部及腹部背面常有较浓或较淡的纵斑。

生活于泥沙底的浅海，通常多与海蜇共生，常附于海蜇伞下口腕间。在定置中多与毛虾或其他小虾同时捕获，繁殖季节多在 9—10 月间。

地理分布： 分布于渤海至南海北部沿岸浅水。

128. 横斑鞭腕虾 *Lysmata kaekenthali*（De Man）

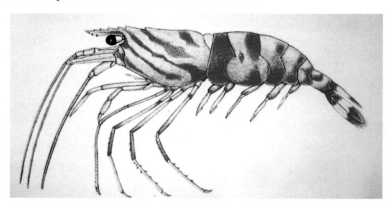

形态特征： 体长约 40 mm。额角上缘 4～6 齿（头胸甲最后 1 齿在胃域上），下缘有 1～3 齿。尾节背侧缘，末端各有两对棘。触角上棘极小。第 2 对步足的腕节具 17～20 分节。

地理分布： 分布于日本千叶县浅海和南方近海。我国分布于南海北部浅水。栖息于岩礁性浅海和近海。

129. 鞭腕虾 *Lysmata vittata*（Stimpson）

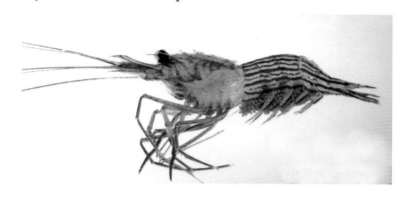

形态特征：体长约44 mm。雄虾比雌虾大。额角末稍向下倾，上缘6～7齿，下缘3～5齿，头胸甲上最后一齿位于胃域上。尾节有背侧棘两对。有额角上棘。前侧角较锐。第2对步足有9～10、腕节有9～22分节。

地理分布：分布于日本千叶县至九州，朝鲜海峡、印度－西太平洋，栖息于浅海内湾。我国自北至南沿岸浅水均有分布。常附于海藻上。

130. 安波托虾 *Lysmata amboinensis*（De Man, 1888）

形态特征：体长约17 mm。额角短达眼柄先端，上缘2～4齿，下缘无齿。尾节背侧缘有3对刺，末缘4对棘。第1对步足很短，腕节比长节长。体色有不透明色彩斑纹为特征。

地理分布：分布于日本奄美大岛至八重山群诸岛沿岸。我国分布于南海北部及香港沿岸浅水。与大海葵共栖。

长额虾总科 PANDALOIDEA

■ 长额虾科 PANDALIDAE

131. 纤细绿点虾 *Chlortocella gracilis* Balss, 1914

形态特征：体长16～20 mm。额角细长为头胸甲长的4倍，上缘基部有1锐齿，头胸甲胃域上有1小齿。尾节背侧中央稍前方有1对棘、背侧缘有8～11对棘。有触角上棘、前侧角棘。第1～2对步足细长，前者有钳，后者无钳，腕节为3分节。后方3对步足比前方2对步足长，各节有棘。抱卵期11—12月。

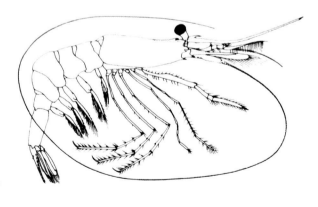

地理分布：分布于日本相模湾、天草诸岛沿岸。我国分布于东海西部、南海北部沿岸浅水。

132. 驼背异腕虾 *Heterocarpus gibbosus* Bate, 1888

形态特征： 体长 70 ～ 75 mm。
额角比头胸甲长 1.5 倍，前端上扬。
额角上缘 7 齿，其中 5 齿在头胸甲
上，下缘 12 ～ 13 齿。头胸甲侧面
有 3 条纵走隆起。尾节背侧缘有 5
对棘，末缘有两对棘。第 2 对步足
左侧长，第 3 对步足等长，腕节
左侧有 24 ～ 25 分节。右侧太短。
栖息于水深 300 m 海区，抱卵期
为 8 月。

地理分布： 分布于日本鹿儿岛东外海。我国分布于东海、台湾、南海陆坡深水。

133. 东方异腕虾 *Heterocarpus sibogae* De Man

形态特征： 体长 110 mm。壳
甲全面布满粗毛。额角和头胸甲略
为等长，额角前端向上扬。上缘
16 ～ 18 齿，其中 4 ～ 5 齿位于头
胸甲上，下缘 10 ～ 11 齿。腹部第
3 ～ 4 节后缘有大棘。尾节背侧缘
和末缘分别有 5 对、2 对棘。

地理分布： 分布于日本千叶县至鹿儿岛外海水深 300 ～ 500 m 海区。我国分布于
东海和南海陆坡，水深 250 ～ 740 m。

134. 强刺异腕虾 *Heterocarpus woodmasoni* Alcock

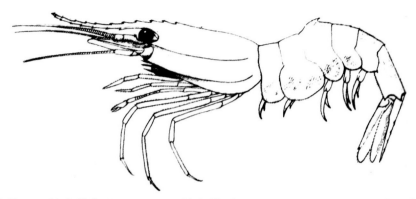

形态特征： 最大体长约 108 mm，最大体质量约 17.76 g。甲壳硬，体红色，表面光

滑，额角略呈弧形，上缘稍凹，自第 1 触角末端起向上弯，末端尖直，上缘 9～10 齿，自额角基部末端上方比较均匀地分布，其中有 2 齿位于头胸甲上，下缘 5～7 齿。额角后脊伸至头胸甲后缘，头胸甲侧面具 2 条纵脊，由头胸甲前缘直伸达头胸甲后缘，在纵脊之前缘分别具触角刺和鳃甲刺。腹部第 3 节背面中部有 1 尖刺，第 6 腹节狭长，背面具两条纵脊，脊间凹。尾节末端尖，明显长于第 6 腹节，微伸至尾肢的外肢之末。尾节后半具 3 对活动背侧刺。第 3 对步足不等长，左侧步足腕节较长，分节甚多，钳子较小，右侧步足腕节较短，分多节，钳较大。

地理分布：分布于南海陆架大陆坡，水深 100～749 m。

135. 滑脊等腕虾 *Heterocarpoides laevicarina*（Bate）

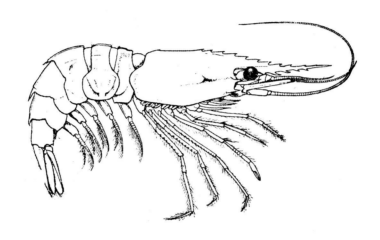

形态特征：体长 30.5 mm。头胸背正中线具有纵脊。第 1 对步足不成钳。第 2 对步足左右相称，它的腕节由多数节所组成。额角稍长于头胸甲，远端遥过第 2 触角鳞片，前端尖，上缘几乎与头胸甲相平而中部微向下曲，背面具 10 齿左右，后方有 4 齿位于头胸甲上；腹面具 5 齿左右。头胸甲有触角上刺、前侧角刺，从这两刺后方各成棱起。腹部前 5 节的背面有纵脊，第 3～5 节均有末端刺。尾节背面有浅纵沟，两侧各具 3 对刺，尾节与尾肢略等长。

地理分布：分布于阿拉弗拉海和红海。我国分布于浙江沿岸水深 50 m 以上以浅水域和南海陆架水域。

136. 双斑红虾 *Plesionika binoculus*（Bate, 1888）

形态特征：体长 22.5～39.5 mm。额角长，远超过第 2 触角鳞片，额从基部开始至中部向下弯，前半部向上升，背缘有 14～17 齿，在背基部排列密呈锯状，有 4～5 齿位于头胸甲上，在这前部的齿有 10 个左右，相隔较宽，腹缘有 10～12 齿，距离略相等，头胸甲光滑，仅有触角齿，前侧角钝。尾节背面有 3 对活动刺，第 1 ～ 4 对步足皆具副肢，第 1 对步足细弱，不成钳；第 2 对胸足成小钳，左右不相称。左侧腕节遥比右腕长，腕节比长节显得特别细长，分成多数小节，形似触角鞭，第 3 ～ 5 对步足都细长，长节、腕节的腹缘多尖短刺，除第 5 对步足外，第 3 ～ 4 对步足的掌节后缘也有尖短刺。第 3 腹节侧面有一红色圆纹。雌性 5 月间抱卵。

地理分布： 分布于浙江近海外侧海区，底质软泥。常在水深 60 m 左右群栖生活。南海北部陆架外缘也有分布。

褐虾总科 CRANGDONOIDEA

▌ 褐虾科 CRANGONIDAE

137. 污泥疣褐虾 *Pontocaris pennata* Bate, 1888

形态特征： 体长 43 mm。额角三角形突出，头胸甲正中两侧隆起线上各具 9 ～ 10 粒状突起列生。鳃前刺、触角上棘呈锐齿状，头胸甲侧缘有 3 棘，最后棘最大。尾节的背面扁平，其两侧稍略隆起。第 3 颚足长具外肢。栖息于水深 60 ～ 180 m 砂泥底。抱卵期 10 月。

地理分布： 分布于日本新潟县等地海区、印度洋。我国分布于福建、台湾、南海北部外陆架水域。

螯虾次目 ASTACIDEA

海螯虾总科 NEPHROPSIDEA

■ 海螯虾科 NEPHROPSIDAE

138. 红斑后海螯虾 *Metanephrops thomsoni*（Bate, 1888）

形态特征： 体长 120 mm。额角为头胸甲长的 1/2，侧缘中央有 1 对锐齿，下缘有 1 锐齿，额角侧缘续头胸甲背缘起有 3 对锐齿，最前边齿最大。胃域上有 3 棘，第 1 对步足强大略扁平，腹部第 2 ~ 5 节的背同正中有中断的横沟。腹部第 6 节的背面有 1 对、末端两侧各两对棘，中央有 1 棘。栖息于水深约 200 m 的泥沙底质海区。为食用种。

地理分布： 分布于日本九州、菲律宾近海。我国分布于黄海东南部与东海外陆架间至南海北部外陆架边缘。

139. 相模后海螯虾 *Metanephrops sagamiensis*（Parisi, 1917）

形态特征： 体长 180 mm。额角正中稍为隆起，额角侧缘上有 3 ~ 5 对锐齿，前 3 齿较大，腹部第 2 ~ 5 节的正中背部不太隆起。第 6 节正中隆起先端有 1 棘。为食用种。

地理分布： 分布于日本鹿儿岛东部水深 300 ~ 500 m 的海区。我国分布于台湾和南海北部深水区。

140. 史氏拟海螯虾 *Nephropsis stewarti* Wood-Mason，1872

形态特征： 体长 150 mm。甲壳硬，身体与第 1 对步足软毛密生。额角为头胸甲长的 1/2，侧缘中央有 1 对棘。头胸甲背部胃区正中有 1 齿，有眼上刺、触角刺。尾节长方形后侧角各有 1 棘。第 1 ~ 3 对步足为钳状，第 1 对步足强大，2 倍于头胸甲长。第 2 触角缺外肢。栖息于水深 400 ~ 500 m 砂泥质海区。

地理分布： 分布日本相模湾、土佐湾。我国分布于东海、台湾岛、南海陆坡、海南岛东部陆坡。分布水深 360 ~ 749 m。

蝼蛄虾次目 THALASSINIDEA

蝼蛄虾总科 THALASSINOIDEA

▋ 泥虾科 LAOMEDIIDAE

141. 泥虾 *Laomedia astacina* De Haan，1849

形态特征： 体长 54 mm。头胸甲侧扁，腹部略扁平。额角三角形两侧有小齿。眼柄短小，位于额角之下。第 2 触角鞭比第 1 触角鞭长 4 倍。触角棘为小叶状。第 3 颚足棒状，坐节内缘有锯齿列生，外肢末节长。第 1 对步足钳状，左右对称软毛密布，生粗刚毛。第 2 ~ 5 对步足同形，指节呈爪状。腹部侧甲较发达。尾节后缘呈圆弧形状。雌性腹肢 5 对，雄性只有 4 对。穴居，栖息于干潮线河口砂泥地。摄取底质的有机物残渣和硅藻为食。

地理分布： 分布于日本东京湾至九州、冲绳诸岛和朝鲜海峡。我国分布于黄海沿岸、东海和南海北部，潮间带。

十足目 DECAPODA 腹胚亚目 PLEOCYAMATA

■ 海蛄虾科 THALASSINIDAE

142. 海蛄虾 *Thalassina anomaina*（Herbst，1803）[*Cancer*（*Astacus*）*anomalus* Herbst, 1804]

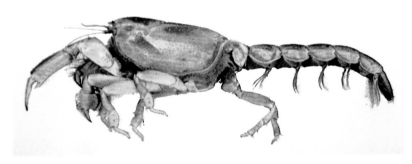

形态特征：体长约155 mm。全身无毛平滑，头胸甲圆筒状，腹部稍平。额角前端钝，两侧隆起与眼上棘隆起平行。眼柄短小，第3颚足为脚状，坐节内缘锯齿列生，外肢末端呈叶状。第1对步足不同，未成熟个体钳不完全，成熟个体钳的形状才完全。第2对步足钳不完全，第3～5对步足指节为爪状。尾节后缘为椭圆形，尾肢无内外肢。穴居。

地理分布：分布于冲绳岛以南、印度－西太平洋。我国分布于海南泥岸，穴居。

龙虾次目 PALINURIDEA

龙虾总科 PALINUROIDEA

■ 龙虾科 PALINURIDAE

143. 脊龙虾 *Linuparus trigonus*（von Siebold）

别名：棺材虾、箱虾。

形态特征：分类上属龙虾科、为较原始种类。全体鳞红色或暗红色，视栖息环境而定。头胸甲呈三角柱状，前缘有两对刺。眼上刺短且宽，左右两刺接合后在中央处形成额角。颈沟前方侧缘有3齿。第2触角强大，其鞭扁平为甲壳长的2倍。第2～5腹节侧甲的下缘前后广宽，前端各1齿，后缘有1～2齿。腹部各节背甲均有1条横沟。主要摄食底栖螺贝类，性情较龙虾类温和。渔法为龙虾刺网所捕获，拖网也偶有捕获。最大体长可达350 mm。

地理分布：分布于日本、非洲东岸和澳大利亚南海岸。我国产于东海、南海和海南岛东部陆坡海区，分布水深260～390 m。

144. 波纹龙虾 *Panulirus homarus*（Linnaeus, 1758）

别名： 花纹龙虾。

形态特征： 体长约 260 mm。
触角板（又名前额板）有两对大棘，
中央小刺很发达。腹部背甲有横沟，
腹部第 2 ~ 6 节有横沟（或各腹节
有一横沟），腹节横沟前缘呈锯齿
状。横沟的边缘弯曲成波状，波状
边缘十分明显，横沟中央多不中断
（有时也有中断的）。头胸甲刺较多。
第 2 对与第 3 对步足长度大约相等。
步足长节末端背面皆有刺。

地理分布： 分布于日本至印度洋、马来诸岛。我国产于台湾南部沿岸和海南岛。

145. 日本龙虾 *Panulirus japonicus*（von Sibeold）

别名： 龙虾、红壳仔、红脚虾。

形态特征： 触角板（又名前额
板）之前缘有 1 对大刺，其后部平滑，
有时可能有 2 或 3 枚小刺棘。腹部
各节密布小刚毛。第 5 对步足之前
端，雌虾特化成小钳状，用来整理
腹部的卵粒，由此特征可轻易鉴别
雌雄之不同。此外，雌虾的腹部也
较大，用来附着卵粒。

日本龙虾与长脚龙虾两者在形
态特征上，极为类似，经常被误认为同一种。有学者研究经比较这两种虾的头胸甲长
与体长间的形质关系结果，亦有差异存在。无论头胸甲长为何，只要头胸甲长相同，
则长脚龙虾的体长大于日本龙虾的体长。也就是两者的体长相等时，日本龙虾的头胸
甲长会大于长脚龙虾的头胸甲长。

生态和生物学： 主要栖息在岩礁性的浅海地区，太深的礁石区或珊瑚礁区很少见。
较倾向于夜行性，白天多在洞口附近静伏不动，夜间才离开洞穴找寻食物，以各种贝
类为主要食物。体长一般 350 mm。产卵盛期在 5—6 月。

习性： 日本龙虾是印度、太平洋各处的暖海性种类，栖息场所以直接接触外洋水
的潮流易流动的岩礁性海岸为多，若以内湾或内海，则只限于入口附近。以水深 200 m
以浅的大陆架范围内为良栖息场所。

繁殖： 雌虾最小性成熟体长范围为 45 ~ 55 mm（头胸甲长）。抱卵数在体长

164～287 mm 范围内的雌虾抱卵数一般为 20 万～90 万粒，是属于高抱卵数的种类。抱卵数随着头胸甲的增大而增加，大致上头胸甲每增长 1 mm，抱卵数增加约 14 000 粒；抱卵数也随体质量增加而增多，体质量每增加 10 g，抱卵数约增加 11 000 粒。一般而言，龙虾类比海螯虾类有较多的抱卵数，同时每年有较多次的产卵数。据学者研究指出，海螯虾类的抱卵数虽少，但卵粒较大，含较多量卵黄，抱卵期较久（5～11 个月），孵化出来的幼体个体较大，浮期较短（3～6 周），幼体死亡率比较低，而龙虾类的情形恰恰相反。龙虾类有高抱卵数，是为了采取卵海战术的繁殖策略，以维系族群量的稳定。以中等体形（头胸甲长 70～90 mm）抱卵量最高，也就是该中等体形的龙虾之生殖潜力在该族群中最具优势。

渔法和开发利用：多半用龙虾刺网捕获，水深为 30～90 m；族群密度较大时才采取 40 m 以浅范围内潜水钩取法。龙虾类的幼体浮游期长达半年，个体成长亦比较慢，幼虾要长大为成虾，其成长率每年仅 15 mm。故龙虾资源的补充速度若赶不上渔业开发利用程度，则难保不会造成过渔现象。

生殖：日本龙虾在 3—8 月间连续均有抱卵雌虾出现，抱卵周期达半年，最盛期为 5 月。3 月开始有 35.7% 抱卵率，5 月达到最高峰，上升至 89.4%，8 月最低，只有 20% 的抱卵率，至 9 月已没有抱卵雌虾出现。

地理分布：分布于日本、朝鲜半岛南部。我国产于东海、台湾、南海及海南岛沿岸浅海。

146. 长足龙虾 *Panulirus longipes*（A. Milne-Edwards）

别名：长脚龙虾、红壳仔、白须龙虾、花点龙虾。

形态特征：前额棘左右各 1 枚，大型锐利。背甲上有多数大小不等的细刺散布。步足比同科近种略长，故称之为长足龙虾。全体红色，有若干白点散布。

生态和生物学：属于龙虾类中的中、小型种，最大体长只有 400 mm 左右。栖息于珊瑚礁和岩石海岸海流较平缓处，在数米至 50 m 水深均可发现本种，以 10～20 m 水深处较多。昼间躲藏于岩缝洞穴中，有时数只共处一个洞穴，夜间再四处觅食，以贝类为主要食物，间捕各种底栖生物。抱卵期在 3—10 月。

渔法：主要用龙虾底刺网，网高 1 m，架设于海底，夜间龙虾欲经过架网处，为刺网所阻，如强行穿过即被网衣所纠缠不能脱身。

地理分布：分布于热带太平洋、非洲东岸。我国产于东海、南海和台湾海峡。

147. 锦绣龙虾 *Panulirus ornatus*（Fabricius）

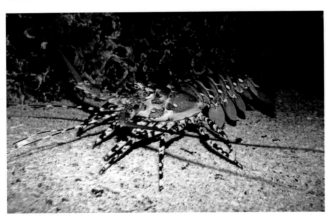

别名： 花龙虾、龙虾、青壳仔（小型）、龙虾王（超大型者）、锦身龙虾。

形态特征： 为龙虾类中超大型种，最大全长达 650 mm，体质量 9.5 kg。腹部背角无横沟，触角板具 4 对棘，后 1 对较小。第 2 颚足外肢无鞭，头腹甲后缘的横沟宽度相等（中央特别宽大），步足呈棕紫色，并具有白色圆形斑点，腹部无黄色横斑，头胸甲上有五彩花纹，体表具彩色斑纹，非常美丽。腹节两侧各有 1 个（幼体）或 2 个（成体）米黄色小斑点。

生态和生物学： 本种为暖水性种类，常生活在 10 m 水深以内的海底石缝中。善于爬行，行动迟缓，不善游泳。幼虾多半栖息在河口附近，在河口可捕获体长达 120 mm 的幼虾。越大型者越向外海移动，在移动过程中常被沿岸底拖网所捕获。主要摄食贝类，其次为鱼类。夏、秋两季抱卵。卵的数目很多，形状很小，初孵出的幼体头胸部宽大，腹部短小，经过数次蜕皮才变成像龙虾的样子。经过一个游泳阶段，最后才定居在海底生活。

渔法： 河口中、小型个体多为潜水捕捉或用刺网捕获。偶尔也被钓获。由于其体表具美丽的彩色斑纹，常用以制标本观赏高价出售。

地理分布： 分布于我国东海、南海、台湾和海南岛沿岸。

148. 密毛龙虾 *Panulirus penicillatus*（Olivier）

别名： 文身龙虾、大头虾、老姑虾。

形态特征： 腹部背甲有横沟，腹部第 2～6 节有横沟，腹节横沟前缘不呈锯齿状，横沟边缘甚直。第 3 颚足具有外肢。触角板具两对棘，但前后 2 棘基部连在一起。

生态和生物学： 多栖息岩礁地带。5 月中旬交尾，交尾后雌、雄虾腹甲出现黑斑。

地理分布： 产于我国台湾、南海、西沙群岛和海南岛。

149. 黄斑龙虾 *Panulirus polyphagut*（Herbst, 1793）

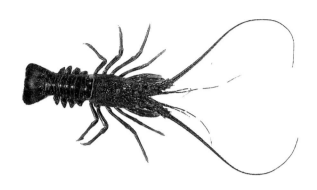

别名：龙虾。

形态特征：各腹节无横沟，触角板（前额板）仅 1 对大刺，第 2 颚足外肢鞭部发育良好，且有很多关节。

地理分布：分布于我国南海陆架浅海，台湾、海南岛沿岸浅海以及西沙和南沙群岛礁盘海域。

150. 中国龙虾 *Panulirus stimpsoni* Holthuis

别名：龙虾、斯氏龙虾、金门龙虾。

形态特征：头胸甲粗大，略呈圆筒状，腹部较短，侧扁。头胸甲坚硬。第 2 触角发达，头胸甲和第 2 触角表面有许多粗短而尖锐的棘刺；腹部第 2 ~ 6 节背甲左右侧各有一较宽的横凹陷，凹陷内生有短毛；额板上有两对短粗的大棘和几对小刺；步足 5 对，爪状；游泳足 4 对，十分退化，雄性没有内分肢，雌性用以抱卵。体表橄榄绿色，带有色小点。

生态和生物学：常见体长超过 300 mm，体质量 1 ~ 2 kg。寿命约 10 年。生活在 5 ~ 10 m 水深海区，栖息于岩礁和珊瑚礁间。白天潜伏，夜暗活动觅食。游龙虾幼体期和稚龙虾期的个体具较强的游泳能力，但多附着于石荫、海草上，或钻入砂泥中。稚龙虾期之后的个体游泳能力减弱，善于用步脚在海底爬行。具迁移性，冬季和夏季由浅水到深水或由深水向浅水活区作水平移动。行动迟缓，受惊时带屈曲后跃。杂食性，食量大，耐饥力强。1 次产卵量达数十万粒，生殖在夏、秋两季，受精卵附着于雌虾的游泳足上孵化。刚产出的卵子呈鲜红色。在水温 28 ~ 30℃孵化条件下，从雌虾抱卵起至幼体脱膜，约需 12 d，初孵幼体叶状，体透明，头胸甲长 1.5 mm。

经 14 次脱皮之后进入游龙虾幼体期，开始底栖生活，经再次脱皮，变态成稚虾，雌虾幼体脱膜 10 ～ 15 d 后，可再次抱卵。

生活习性：生活在水深 5 ～ 15 m 在浅海区，栖息于岩礁、珊瑚礁间，白天潜伏，夜晚活动。游龙虾幼体期和稚龙虾期的个体具较强的游泳能力，但多附于石荫、海藻上，或钻入砂泥中；稚龙虾之后的个体游泳能力减弱，善于用步足爬行。其迁移性，冬季和夏季由浅水到深水海区作水平移动。行动迟缓，受惊时常屈曲后跃。

营养方式：杂食性。主要摄食贝类、小型蟹类、藤壶、海胆和海藻，也摄食腐死或鲜活的鱼类、虾类、多毛类和棘皮动物等。食量大，耐饥能力强。

繁殖规律：雌雄异体，1 次产卵量数十万粒，生殖期在夏秋两季，受精卵附着于雌虾的游泳足上孵化。刚产出的卵子鲜红色，稍后变淡，呈肉色，孵化过程中变为褐色。在水温 28 ～ 30℃的孵化条件下，从雌虾抱卵起至幼体脱膜，约需 12 d，初孵出幼体叶状，体透明，头胸甲长 1.5 mm。初孵幼体约经 14 次蜕皮之后，进入游龙虾幼体期，这时头胸甲长 5 ～ 9 mm，开始底栖生活；游龙虾幼体经再次蜕皮，变态为稚虾。雌亲虾在幼体脱膜后的 10 ～ 15 d 后，可再次抱卵。

开发利用：名贵食用虾类，体大肉多，色味均佳。为海洋底刺网捕捞对象和潜水钩捕以及龙虾笼类似的渔具诱捕。全年均有渔汛，主要渔汛期在 3—4 月。

渔业、经济价值：为名贵食用虾类，体大肉多，味鲜美，为龙虾类中主要经济种类之一。

地理分布：分布于东海、南海沿岸浅水和海南岛沿海。

151. 杂色龙虾 *Panulirus versicolor*（Latreille）

别名：五色龙虾、青壳仔、青脚虾、白须仔、小龙虾。

形态特征：在角板上有两对棘，4 枚棘大小约略相似。前额棘最长的 1 对尖端约略向下弯曲。在颈沟前后一共有 3 对侧棘，正中侧棘外侧小刺数目随个体成长而减少。本种由幼体到成体各阶段体色富于变化，特别是体长在 15 cm 以下时，体色变化各阶段皆不同，但却一样都有迷人的色彩，故常为海水鱼水族箱饲养迷宠爱对象。

生态：主要栖息于热带海域的珊瑚礁区。不似其同类的成员，其夜行性并不显著，以各种螺贝类为主要食物。

渔法：以潜水钩取或龙虾刺网所捕获。体长一般为 300 mm。

地理分布：分布于日本琉球群岛、菲律宾、马来西亚。我国产于南海、海南岛沿岸浅水海区和西沙群岛礁盘海区。

152. 断沟龙虾 *Panulirus dnsypus* H. M-Edwards

别名：龙虾。

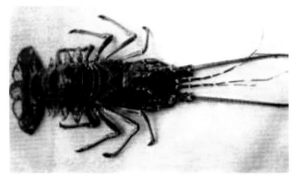

形态特征：腹部第 2 ~ 6 节皆有横沟，横沟的边缘弯曲成波状，横沟中央中断，波状边缘不甚明显。头胸甲上刺较少。触角板具两对大棘，有时又有 1 ~ 2 对小刺。第 2 颚足不具外肢。第 3 对步足显著长于第 2 对，第 2 对和第 3 对步足的长节末端背面无刺。

地理分布：分布于海南岛东部沿岸。

■ 蝉虾科 SCYLLARIDAE

153. 毛缘扇虾 *Ibacus ciliatus*（von Siebold，1824）

别名：团扇虾。

形态特征：体长约 150 mm。体形显著侧扁，由第 2 触角柄第 2、4 节与头胸甲侧缘呈圆形状。第 2 触角柄的第 4 节前缘有 9 ~ 10、第 2 节前缘有 9 ~ 10、侧缘有 5 ~ 7 个锐齿。头胸甲前方侧缘有 1 ~ 5、前缘有 8 ~ 10、后方侧缘有 11 ~ 12 个锐齿。第 5 腹节的侧甲后缘有 6 ~ 8 齿。雌虾的第 5 对步足的前节末端有突起，指节有不完全的钳。栖息于水深 100 m 左右砂泥质海区。抱卵期 10 月。

地理分布：分布日本九州至千叶县、冲绳诸岛、菲律宾。我国分布于东海、南海外陆架水域。

十足目 DECAPODA

腹胚亚目 PLEOCYAMATA

154. 九齿扇虾 *Ibacus nevemdentatus* Gibbes

别名： 大团扇虾。

形态特征： 体长约 140 mm。体形显著扁平。第 2 触角柄的第 4 节前缘有 5 齿，第 2 节前缘有 7 ~ 8 棘、侧缘有 4 ~ 5 齿。头胸甲侧缘有 8 齿列生。头胸甲前缘左右侧一直线有 10 棘列生。头胸甲正中线略隆起，两侧有浅沟纵走。腹部各节正中线稍为隆起。头胸甲后侧缘后方膨出。腹面前端的前口板有强大的 3 棘，其中 2 棘前方平行突出，1 棘于下方垂直突出。栖息于水深 50 ~ 100 m 砂泥底。抱卵期 10 月至翌年 2 月。

地理分布： 分布于日本和歌山县等地沿岸。我国分布于东海、台湾、香港和南海外海水域。

155. 刀指蝉虾 *Scyllarus cultrifer*（Ortmann, 1891）

形态特征： 体长约 60 mm。甲壳很厚。头胸甲宽与长相等长。头胸甲正中线上颈沟前方有 2 齿，后齿比前齿大。第 2 触角的第 2、4 节宽广扁平，第 2 节前缘各有 2 齿。第 4 节前缘有 4 齿。第 1 触角伸至第 2 触角柄末节（第 4 节）的先端。第 3 ~ 4 对步足有不完全的钳。胸部腹甲前端中央有波状的沟。

地理分布： 分布于日本九州太平洋沿岸、夏威夷、印度 - 西太平洋沿岸。我国分布于南海外陆架海区。

156. 鳞突拟蝉虾 *Scyllarus squamosus*（H. Milne Edwards, 1837）

别名： 蝉虾。

形态特征： 体长约 250 mm。甲壳厚硬。体表有大型的颗粒密生而其间有短毛。甲壳长方形，长大于宽。额角为五角形。眼小，眼柄短。第 2 触角柄的第 2、4 节扁平为叶状。第 4 节前缘、侧缘无棘齿。第 2 节侧缘无齿，前缘有 8 ~ 10 棘。胃域全部隆起前后左右弯曲。腹部第 3 ~ 4 节正中后半隆起成棱形状，侧甲发达，第 3 ~ 5 节侧甲后缘有棘。

地理分布： 分布于日本千叶县至九州、冲绳诸岛的太平洋沿岸，印度 - 西太平洋。我国分布于南海、台湾沿岸。

六、海南岛以东大陆坡海域
主要深水虾类名录

　　海南岛以东大陆坡海域虾类，除少数广泛性种类外，大部分属于热带、亚热带海区的冷水性种类。有别于近海的暖水性种类。主要以印度－西太平洋区域的种类占大多数。其虾类的分布依水深的不同而异，在一定水深范围内不同深度海域，虾的种类和群体结构各不相同。它有着明显的区系属性。在栖息于水深 200 ～ 1 100 m 范围内，主要种有 52 种，隶属 12 科 33 个属，其名录如下：

十足目 DECAPODA

　枝鳃亚目 DENDROBRANCHIATA

　对虾科 PENAEIDAE

　　对虾亚科 PENAEINAE Buraenroad

　　　1. 长角似对虾 *Penaeopsis eduardoi* Perez-Farfante

　　　2. 印度拟对虾 *Parapenaeus investigatoris* Alcock

　　　3. 矛形拟对虾 *Parapenaeus lanceolatus* Kubo

　　　4. 尖爪赤虾 *Metapenaeopsis coniger*（Wood-Mason）

　　管鞭虾亚科 SOLENOCERINAE Wood-Mason et Alcok

　　　5. 尖管鞭虾 *Solenocera faxoni* De Man

　　　6. 卢卡厚对虾 *Hadropenaeus lucasii*（Bate）

　　　7. 弯角膜对虾 *Hymenopenaeus aequalis*（Bate）

　　　8. 叉突膜对虾 *Hymenopenaeus halli* Bruce

　　　9. 刀额拟海虾 *Haliporoides sibogae*（De Man）

　　　10. 东方深对虾 *Benthesicymus investigatoris* Alcock et Anderson

　　长角虾亚科 ARISTAENAE

　　　11. 拟须虾 *Aristaeomorpha foliacea*（Risso）

　　　12. 软肝刺虾 *Hepomadus tener* Smith

　　　13. 长带近对虾 *Plesiopenaeus edwardsianus*（Johnson）

　　　14. 短肢近对虾 *Plesiopenaeus coruscans*（Wood-Mason）

　　　15. 粗足假须虾 *Pseudaristeus crassipes*（Wood-Mason）

　　　16. 绿须虾 *Aristeus virilie*（Bate）

　　　17. 长额拟肝刺虾 *Parahepomadus vaubani* Crosnier

腹胚亚目 PLEOCYAMATA

　真虾次目 CARIDEA

　　镰虾科 GLYPHOCRANGONIDAE

　　　18. 皮刺镰虾 *Glyphocrangon aculeate* A.M.- Edwards

　　　19. 粒状镰虾 *Glyphocrangon granulosis* Bate

　　　20. 戟形镰虾 *Glyphocrangon hastacauda* Bate

　　　21. 喜斗镰虾 *Glyphocrangon pugnax* De Man

　　玻璃虾科 PASIPHAEIDAE

　　　22. 玻璃虾（太平玻璃虾）*Pasiphaea pacifica* Rafhbun

　　　23. 雕玻虾 *Glyphus marsupialis* Filbol

　　　24. 沟额拟玻璃虾 *Parapasiphae sulcatifron* Smith

　　活指虾科 RHYCHOCINETIDAE

　　　25. 活指虾 *Psalidopus huxleyi* Wood-Mason

　　活额虾科 PSALIDOPODIDAE

　　　26. 厚色指虾 *Eugonatonotus crassus*（A. M.- Edwards）

　　线虾科 NEMATOCARCINDAE

　　　27. 波形线虾 *Nematocarinus undulatipes* Bate

　　　28. 尖额线虾 *Nematocarinus cursor* A. M.- Edwards

　　刺虾科 OPLOPHORIDAE

　　　29. 模刺虾 *Oplophorus typus* A. M.- Edwards

　　　30. 刺虾 *Acanthephyra armaata* A. M.- Edwards

　　　31. 弯额刺虾 *Acanthephyra curtirostris* A. M.- Edwards

　　　32. 异刺虾 *Acanthephyra eximia* Smith

　　长额刺虾科 PANDALIDAE

　　　33. 长足红虾 *Plesionika martia*（A. M.- Edwards）

　　　34. 短额红虾 *Plesionika semilaevis* Bate

　　　35. 印度红虾 *Plesionika indica* De Man

　　　36. 疏齿红虾 *Plesionika alcocki*（Anderson）

　　　37. 刺足拟长额虾 *Parapandalus spinipes*（Bate）

　　　38. 东方异腕虾 *Heterocaropus sibogae* De Man

　　　39. 强刺异腕虾 *Heterocaropus woodmasoni* Alcock

　　　40. 弓背异腕虾 *Heterocaropus tricarinatus* Alcock et Anderson

　　　41. 长额异腕虾 *Heterocaropus alphonsi* Bate

　　　42. 滑额异腕虾 *Heterocaropus lacvigatus* Bate

　螯虾次目 ASTACIDEA

　　海螯虾科 NEPHROPSIDAE

　　　43. 中华后海螯虾 *Nephrops sinensis* Bruce

44. 方甲假海螯虾 *Nephropsis stewarti* Wood-Mason

45. 尖甲假海螯虾 *Nephropsis carpenteri* Wood-Mason

龙虾次目 PALINURIDEA

鞘虾科 ERYPNODAE

46. 硬鞭虾 *Stereomastis andamanensis*（Alcoc）

47. 壳硬鞭虾 *Stereomastis phosphorus*（Alcoc）

48. 雕纹硬鞭虾 *Stereomastis sculpta*（Smith）

49. 盲多爪虾 *Polycheles typhlops* Heller

龙虾科 PALINURIDAE

50. 脊龙虾 *Linuparus trigonus*（von Siebold）

51. 浅色脊龙虾 *Linuparus sordidus* Bruce

蝉虾科 SCYLLARIDAE

52. 毛缘扇虾 *Ibacus cilliatus*（von Siebold）

索 引

A

B

C

P

T